空气净化喷剂

杜 峰 主编

科学出版社

北 京

内 容 简 介

空气净化喷剂是室内空气污染治理领域的新产品，随着社会对空气污染的日益重视，人们对高品质空气的需求不断增长，喷剂市场得到了快速发展。目前公众对空气净化喷剂相关基础知识、标准规范、技术原理、应用及发展趋势还存在知识盲点。本书旨在为读者提供一个了解空气净化喷剂涉及的标准规范、技术原理和应用前景的窗口，全书围绕室内空气污染、空气净化喷剂原理、空气净化喷剂技术标准及空气净化喷剂应用领域等分章节予以介绍，内容丰富，有利于相关领域人员科学全面地了解空气净化喷剂的发展。

本书不仅适合从事室内空气污染控制、治理、评价等行业从业者以及喷剂生产厂家参阅，而且适合作为科普读物面向社会大众。

图书在版编目（CIP）数据

空气净化喷剂 / 杜峰主编. —北京：科学出版社，2020.3

ISBN 978-7-03-064637-8

Ⅰ. ①空⋯　Ⅱ. ①杜⋯　Ⅲ. ①室内空气-空气净化　Ⅳ. ①X51

中国版本图书馆 CIP 数据核字(2020)第 039754 号

责任编辑：惠　雪　李涪汁/责任校对：杨聪敏
责任印制：师艳茹/封面设计：许　瑞

科 学 出 版 社 出版
北京东黄城根北街 16 号
邮政编码：100717
http://www.sciencep.com

保定市中画美凯印刷有限公司 印刷
科学出版社发行　各地新华书店经销
*
2020 年 3 月第 一 版　开本：720×1000　B5
2020 年 3 月第一次印刷　印张：10 3/4
字数：210 000

定价：99.00 元
（如有印装质量问题，我社负责调换）

前　言

空气污染是世界性话题，联合国环境署的报告《迈向零污染地球》指出污染包括空气污染、淡水污染、土壤污染、废弃物污染、化学污染、海洋污染等，其中空气污染是目前全球最大的环境健康因素。空气质量与人们的工作生活息息相关，空气污染防治越来越受到整个社会的关注和重视。现代人超过 80% 的时间都是在室内度过的，因此室内空气质量的好坏将直接影响人的身体健康。世界卫生组织公布的《2018 年世界卫生统计报告》指出，截至 2016 年世界上有接近 91% 的人呼吸不到清洁的空气，2016 年世界范围内有 380 万人死于室内空气污染引起的非传染性疾病（包括心脏病、中风和癌症）。因此，空气污染尤其是室内空气污染的防治工作显得尤为重要。

国标《室内空气质量标准》（GB/T 18883—2002）明确提出"室内空气应无毒、无害、无异常嗅味"。空气净化喷剂作为一种操作简单、安全高效的空气污染治理产品越来越受到人们的青睐，消费需求和消费市场也在不断增长，具有广阔的应用前景和巨大的社会经济价值。本书以室内空气污染为落笔点，详细介绍了室内空气污染的来源和危害，并对国内外空气净化喷剂的相关技术标准与评价方法进行了总结，重点论述了空气净化喷剂净化污染物的原理，同时还结合空气污染物中的甲醛、氮氧化物、氨、苯系物等多种典型污染物的治理过程，直观阐明了空气净化喷剂在室内空气净化领域的应用价值。

本书内容主要包括：室内空气污染概述（第 1 章）、空气净化喷剂原理（第 2 章）、空气净化喷剂技术标准与风险控制（第 3 章）和空气净化喷剂应用（第 4 章）。本书从室内空气污染这一实际问题出发，从理论上阐释了空气净化喷剂用于空气污染治理的科学性，并以具体应用实例为支撑说明了空气净化喷剂在治理空气污染方面的科学性。全书内容详实、逻辑清晰、注重理论与实践的结合，有利于相关领域人员对空气净化喷剂的发展建立整体认识。

全书由杜峰负责书稿架构、统筹编辑。第 1 章、第 2 章和后记由杜峰编写，第 3 章由王涛编写，第 4 章由邹巍巍编写。此外，潘志刚、张珂、毛淑滑、甘德宇、曹祥等参与了文献搜集、书稿润色等，在此一并表示感谢。

由于空气净化喷剂涉及面广，加之编者学术水平、时间及经验所限，书中可能有疏漏和不当之处，敬请广大读者批评指正。

杜　峰

2019 年 10 月于南京

目　　录

1 室内空气污染概述

1.1 室内空气污染

世界卫生组织公布的《2002 年世界卫生报告》指出，尽管空气污染物主要存在于室外，但是人们长期生活在室内，因此人们受到的空气污染主要来源于室内空气污染[1]。近年来，随着社会经济的发展以及科学技术的进步，人们的生产和生活方式现代化程度越来越高，平均 80%以上的时间都是在室内度过的，甚至高达 90%以上[2]。有文献指出，全球每年因室内空气污染问题造成的病态建筑物综合征(SBS)使生产效率下降了 2.8%～11%，共计损失 100 亿～700 亿美元[3]。

2016 年，国际著名医学杂志《柳叶刀》发表了一篇题为《1990–2013 年中国240 种疾病死亡率原因：2013 年全球疾病负担研究的一项省级水平的系统性分析》的论文[4]。该研究将中国的不同地区及省份重新组合并划分为五个组，研究指出包括江苏省、海南省、广东省、福建省、湖北省、湖南省的小组居民有相对较高的预期寿命，但因癌症或慢性阻塞性肺部疾病造成的死亡率较高。室内空气污染作为危害中国居民健康十大因素之一，与慢性阻塞性肺病有很大关联性。

因此，由上述有关室内空气污染的健康效应可以发现，室内空气污染是居民健康的"隐形杀手"，严重威胁着人类身体健康。

1.1.1 室内空气污染的定义

室内环境是相对于室外环境而言的，通常我们所说的室内环境是指采用天然材料或者人工材料围隔而成的小空间，也是与大环境相对、分割而成的小环境。从广义上来讲，它不单是指家居住宅，还包括工作、学习、娱乐、购物等相对封闭的各种场所，如办公室、学校教室、医院、大型百货商店、写字楼等场所以及飞机、汽车、火车等交通工具。交通工具的室内污染问题主要表现在汽车、火车、地铁列车车厢和飞机机舱内环境污染，因此，研究环境污染问题时所指的室内环境大体可以分为两大类型：建筑物室内环境和交通工具车厢或机舱内环境，狭义上的室内环境是指建筑物室内环境[5]。

所谓室内空气污染，主要是指存在于家居房间内的各种不利于身体健康的物理性因子、生物性因子、化学性因子和应激性因子等，这些因子进入人类家居房间内部，达到了一定浓度或者存在一定时间后，将对人们身体健康造成不良影响，例如，生物质能源燃烧很容易造成室内空气污染，依据空气质量标准，对获得的空气质量检测数据进行分析，最终判定室内空气质量不符合标准，将会危害人们身体健康[6]。

1.1.2 室内空气污染主要来源

室内空气污染主要来源有室外大气、室内人员代谢、室内人员行为过程、室内工作设施、室内燃烧和加热器具产物、室内各种化工产品和日用品、室内微生物及其代谢产物等。

室内人员在新陈代谢过程中产生大量的废物，并通过呼吸、排汗、活动等行为排入室内；室内设备所生成的污染物是指加热或燃烧各种燃料、烟草、烹饪油等过程中产生的有害物质，不同的燃烧物质其燃烧产物会有很大的差别；室内建筑装饰材料、家具等高分子材料、复合材料所释放的有机物已成为当今室内的重要污染源，对室内人员的健康和室内环境舒适性产生重要的影响[7]；室内工作设施及生产过程也是重要的室内污染源，其释放的污染物视具体情况而定，如余热、工业粉尘、有害气体或蒸汽等。

1) 甲醛

甲醛是一种无色、具有强烈气味的易挥发有机化合物，密度为 $1.06kg/m^3$，略重于空气。由于其测试方法有别于挥发性有机物，在室内空气品质分析过程中需单独列出。

甲醛来源极为广泛。自然界中的甲醛是甲烷循环中的一个产物，室内来源主要有两方面：一是燃料和烟叶的不完全燃烧；二是建筑装饰材料、装饰物品及生活日用品等化工产品。甲醛是工业上制造黏合剂的重要原料，黏合剂被广泛用于各种人造板（如刨花板、纤维板、胶合板等）、复合地板、地毯、油漆涂料、纺织纤维等材料的生产，因此新打造的家具，铺设的地板，涂刷的墙面以及装饰用地毯、纺织布艺等都会存在持续释放甲醛的问题；另外，甲醛还是人体内正常代谢的产物，既是内生性物质（由蛋白质、氨基酸等正常营养成分代谢产生），也是许多外源性化学物质进入人体后的代谢产物[8]。

2) 挥发性有机化合物(VOC)

WHO 将挥发性有机化合物定义为沸点为 50～260 ℃的有机化合物。具有较低沸点的有机化合物，称为易挥发性有机化合物(VVOC)；具有较高沸点的有机化合物，称为半挥发性有机化合物(SVOC)。室内 VOC 种类繁多，能够被检测出的达千余种。

需要指出的是，总挥发性有机化合物(TVOC)广义上是指任何在常温、常压下，从液体或固体中自然挥发出的有机化合物。《民用建筑工程室内环境污染控制规范》中，TVOC 是指在指定的试验条件下所测得材料或空气中挥发性有机化合物的总量[9]。严格地讲，VOC 和 TVOC 不是一般意义上的某种污染物，而是多种可挥发性有机物的综合。

室内 VOC 主要来源于建筑装饰材料、家具、室内人员及其活动、室内工作设施及工作工程、室内管理用品及清洁用品、微生物代谢物、空调通风系统(由于系统内部污染而产生的二次污染)、室外大气。另外，当室内 VOC 浓度较高时，室内某些材料、物品可能对其产生吸附(吸收)作用，随着 VOC 浓度降低，被吸附的 VOC 又重新释放出来成为污染源。

随着社会经济的发展，人们更加注重室内生活、工作环境的舒适美观，经常对室内环境进行大面积装修装饰，由此引发了严重的室内空气污染。中国测试技术研究院化学所公布了以四川省为调查研究样本、2018 年 3 月至 2019 年 3 月为分析周期形成的《2019 中国室内空气污染状况白皮书》，调查结果显示装修 1 年内房屋空气质量不合格率为 95%，装修 2 年内房屋空气质量不合格率为 65%，装修 3 年内房屋空气质量不合格率为 55%，室内空气污染主要有害气体是甲醛和总挥发性有机化合物，在 6482 个检测点位中，甲醛超标 2 倍以下的点位占比 52%，超标 2~3 倍的点位占比 37%，超标 3 倍以上的点位占比 11%，甲醛浓度最高超过国家标准 12 倍；TVOC 超标 2 倍以下的点位占比 57%，超标 2~3 倍的点位占比 36%，超标 3 倍以上的点位占比 7%，TVOC 浓度最高超过国家标准 21 倍，分析其原因，主要是由于使用劣质涂料、板材等引起的[10]。装修时所使用的油漆、胶合板、刨花板、泡沫填料、内墙涂料、塑料贴面等物品均会挥发甲醛、苯、甲苯、二甲苯等有毒气体。

现代化妆品、除臭剂及室内杀虫剂的使用，加剧了室内有机污染，这些挥发性的有机物，能够刺激人体皮肤和呼吸道、消化道黏膜，使人眼睛流泪、刺痛，导致头痛、恶心、呕吐，并刺激人的神经系统，出现类似神经衰弱的症状。

3) 放射性污染物

根据美国国家环境保护局(EPA)调查，绝大多数建筑室内均存在一定量的放射性物质——氡。氡是一种具有放射性的惰性气体，无色无味。WHO 已证实氡是已知 19 种主要环境致癌物质之一，氡已被认为是除吸烟以外导致高肺癌患病率的第二大因素[11]。

房屋的地基、地下土壤和建筑材料以及装饰石材，如地板砖、马赛克、瓷砖等含有氡，据统计，地基和建筑材料的放射性污染占室内排放总量的 70%~80%。氡在水泥、砂石、砖块中形成后会部分释放到空气中，增加了人们患癌的概率[12]。GB 6566—2010《建筑材料放射性核素限量》对建筑主体材料中放射性核素镭-226、钍-232、钾-40 的放射性比活度以及装饰装修材料放射性水平做出了明确限定。

4) 病原微生物

微生物污染代表了室内环境中极其多样性的生物群体，主要包括能够引起感染的细菌、真菌、病毒等微生物。通风不良、装修设计不合理、室内卫生条件较差等都会造成微生物大量滋生繁殖，并且许多细菌和真菌能够产生毒性很高的代谢物质。室内微生物及其代谢物质引起的室内生物污染也是危害人体健康的污染源。另外，室内人员也是病原微生物的重要来源之一。室内人员通过呼吸、咳嗽、打喷嚏等行为过程，释放自身携带的微生物而造成污染。

空调的使用创造了健康舒适的室内环境。由于人体、房间和空调在室内形成了一个相对封闭的循环系统，细菌、病毒、真菌等微生物得以大量繁殖。叶彩华等[13]对漳州市 10 个住宅小区共 1000 户家庭在使用空调后室内空气质量变化情况的调查结果表明，此次调查中 100%的空调用户主观感受使用空调后室内空气质量下降了。另外，空气过滤器和冷凝管的潮湿环境为病毒、军团菌的滋生和繁殖提供了良好条件，导致病毒的大面积蔓延。此外在潮湿的房屋和地下室中，存在大量的真菌和细菌，这些微生物很容易通过呼吸道黏膜，进入肺部影响人的免疫系统，引发一系列急性或慢性不良症状。

室内还存在由灰尘引发的灰尘螨，这些灰尘螨大多寄住在软质家具中，如沙发、纺织品、地毯、被单、棉被、枕头和床垫等，当灰尘螨的过敏源浓度超过一定的限度时，就会引发急性或严重的哮喘。此外，家庭饲养的猫、狗等宠物，也是室内空气过敏源的一个重要来源。

5) 悬浮颗粒物及其无机化合物

吸烟产生的烟雾(ETS)是室内颗粒物的重要来源之一，其中含有至少 3800 种成分，包括尼古丁、芳香烃、醛类、酮类、腈类、氮氧化物、二氧化碳、一氧化碳、颗粒物等数百种有害物质。国内外许多学者对吸烟室内空气质量研究指出：烟草烟雾严重危害人体健康，约 80%以上的肺癌是长期吸烟引起的[14]。

烹饪是人们室内生活中必不可少的一部分，在烹饪过程中各种燃料的燃烧产生了氮氧化物、二氧化碳、一氧化碳、粉尘、醛类、苯并[a]芘等污染物，其中，苯并[a]芘是典型的致癌物。

另外，从室外空气进入室内的悬浮颗粒物也是室内颗粒物来源的组成部分。由煤燃烧、工业排放、机动车、建筑工地和地面扬尘等所产生的室外颗粒物可通过门窗、天花板的缝隙等进入室内。

6) 其他来源

室内各种电子产品的使用过程中，如电视机、微波炉、电热毯、超声诊断仪、复印机、传真机等，都会产生一定的电磁辐射、振动和噪声。家用电器的广泛使用带来电磁波污染、静电污染、噪声污染和紫外线辐射等；另外，铝制品、蚊香、一次性餐具、各种塑料制品等也是潜在的污染源[15]。

1.1.3　室内空气污染的特点

　　室内空气污染包括化学性污染、生物性污染和物理性污染。化学性污染是指因化学物质，如甲醛、苯系物、氨、氡以及悬浮颗粒物等引起的污染；生物性污染是指因生物污染因子，包括细菌、真菌(包括真菌孢子)、花粉、病毒和生物体等引起的污染；物理性污染是指因物理因素，如电磁辐射、噪声、振动以及不合适的温度、湿度、风速和照明等引起的污染[16]。

　　室内空气污染以人为污染、化学性污染和生物性污染为主。污染物源于 6 个方面：室内装修和建筑材料、室内用品(家用化学品、室内家具和现代办公用品)、人类活动(烹调、取暖和吸烟)、人体自身新陈代谢活动、生物性污染源、室外大气污染物。室内空气污染的代表性影响包括危害人体健康、破坏室内装修装饰的美感、恶化人与人之间的关系以及加重人的心理压力等。病态建筑物综合征、建筑相关疾病和化学过敏反应症是不良室内空气引起的典型病症。

　　由于所处的环境不同，室内空气污染与大气环境污染的特征也不同。室内空气污染具有如下特征[17]。

　　1) 累积性

　　室内环境是相对封闭的空间，污染的形成是污染物在一定时间累积的结果。从污染物，例如家具、地毯、装饰材料、建筑材料等会持续释放甲醛，某些人造大理石、人造瓷砖等也会不断释放放射性物质，如果不采取有效措施，它们将在室内逐渐累积，导致污染物浓度增大，危害人体健康。资料显示，室内空气污染是造成各种疾病的重要环境因素，长期暴露后，室内空气污染的累积效应会导致机体白细胞端粒长度缩短[18]。

　　2) 长期性

　　一些调查结果表明，人们大部分时间处于室内。因此，即使浓度很低的污染物，例如打印机释放的臭氧、香烟释放的烟雾、厨房释放的油烟、微波炉释放的射线等，也会危害长期工作生活在这样环境下的人们的身体健康，所以长期性也是室内空气污染的重要特点之一。

　　3) 多样性

　　室内空气污染的多样性既包括污染物种类的多样性，又包括室内污染物来源的多样性。室内空气中的污染物既有生物性污染物，如细菌、真菌等；化学性污染物，如甲醛、氨、苯、甲苯、一氧化碳等；还有放射性污染物，如氡等。室内空气污染物的来源既有室内污染源也有室外污染源，这些污染严重危害着人们的健康[5]。

4) 季节性

季节性主要是指室内空气污染多在冬季、夏季较为严重，这与冬季居家生活使用空调调节温度有关系，也与夏季有害气体因为高温而释放增加有关系，更与冬季燃煤取暖产生大量二氧化碳、二次气溶胶等有关系。国外一项研究显示[19]，通过在冬季和夏季测定17~20户家庭空气中多氯联苯、多溴联苯醚等新型阻燃剂的浓度，并分析室内外浓度差异，结果显示所有化合物的室内浓度始终高于室外浓度，这与住宅中阻燃剂的季节性使用密切相关。

1.1.4 我国室内环境污染的成因分析

1. 建筑装修材料不达标

首先，我国目前建筑装修建材市场管理不够完善，仍然有大量劣质建筑装修建材在市场中流通，给各种有毒有害及放射性物质的污染提供了源头；其次，建筑装修建材的标准和法律法规体系需要不断完善并及时更新，提高和健全建筑装修材料的各项标准和规范；最后，民众对于建筑装修材料所引起的室内污染认识不够，不仅是消费者，甚至是销售者对此都不甚了解。

2. 室外污染加剧

大量的数据表明，工业废气、汽车尾气等会加剧室内空气污染的程度。我国在城市化、工业化的过程中，室外环境破坏的严重性有目共睹，近年来虽然部分地区已经开始有所改善，但室外环境污染形势仍然严峻，这进一步加剧了室内环境的污染程度。由于室外空气中的某些污染指标已超过室内空气质量的控制指标，常规的开窗通风以降低室内污染程度的措施不仅不能起到稀释室内污染物作用，而且还有可能会恶化室内空气品质。

3. 生活污染

人们总是忽视日常生活中所产生的各种污染，如购买的家具、厨房油烟、家用电器和家用化学品的使用等，这些都是室内环境污染的来源。近年来的研究表明：使用不合格板材、黏结材料、油漆等制成的家具会持续散发出甲醛、苯系物等污染物；厨房油烟成分极其复杂，包含油烟颗粒，烷烃、烯烃、芳香烃、卤代烃、醛、酮、酸、酯等物质，部分污染物具有强致癌致突性，如苯并芘、丙烯醛、丁二烯等；各种电子产品在使用的过程中会产生多种不同波长和频率的电磁辐射；各种家用化学品的使用都会给室内空气造成不同程度的污染，对人体健康造成极大的危害。

4. 不合理的城市规划和房屋设计

城市规划应该充分考虑地区自然环境，尤其是地理特征、风向、水文等各项因素，这对于降低城市污染有着重要的意义。其次，房屋设计也应该充分考虑室内污染扩散，良好的通风结构、光照设计都有利于降低室内污染的危害。

5. 空调使用不科学

随着人民生活水平的提高，空调越来越普及。为了节约能源，使用空调必然伴随着建筑物密封程度的提高，导致自然通风量减少。由于空调系统净化污染物效果不佳或根本未设置净化系统，而室内外空气交换量又较低，不仅诱导和加重了室内空气污染的形成和发展，而且增加了某些疾病的传播机会[20]。

1.2 室内空气污染物分类及危害

1.2.1 室内空气污染源与污染物分类

室内空气污染源按室内污染物来源的性质可分为以下几种。

1) 化学性污染源

化学性污染源主要包括挥发性有机物污染源和无机化合物污染源。其中挥发性有机物污染源主要来自建筑材料及日用化学品中的 VOC 成分。无机化合物污染源主要来自燃烧产物及化学品、人为排放等[21]。

2) 物理性污染源

物理性污染源主要来自于三个方面，①地基、建材、砖、混凝土、水泥——放射性污染；②噪声及振动；③家用电器、照明设备——电磁污染。

3) 生物性污染源

生物性污染源主要来自垃圾与湿霉墙体产生的细菌、真菌类孢子，花粉，藻类植物呼吸放出的二氧化碳，人为活动如烹饪、吸烟以及宠物代谢产物等。

室内污染物按其存在状态可以分为以下几种。

1) 悬浮固体污染物

悬浮固体污染物包括灰尘、可吸入颗粒物、微生物细胞(细菌、病毒、霉菌、尘螨)、植物花粉、烟雾等。较大的悬浮颗粒物，如灰尘、棉絮等，可被人体自身过滤掉。至于肉眼无法看见的细小悬浮颗粒物，如粉尘、纤维、细菌和病毒等，会随着呼吸进入肺泡，增加免疫系统的负担，危害身体健康[22]。

2) 气体污染物

气体污染物主要有甲醛、苯系物、一氧化碳、二氧化碳、臭氧、氮氧化物、二氧化硫、氨、VOC、氡等。这些气体污染物大部分会被吸入肺部。医学证实这些气体污染物是造成肺炎、支气管炎、慢性肺阻塞和肺癌的主要原因[23]。

1.2.2　室内空气污染物的危害

室内空气污染物主要通过 3 条途径侵入人体，危害健康，即经呼吸道吸收、皮肤吸收和消化道吸收。各污染物对人体健康的影响详见表 1-1。

表 1-1　室内主要污染物对人体健康影响

污染物名称	对人体的主要影响
甲醛	刺激眼睛、呼吸道，一类致癌物
氨	头痛、疲劳、厌食
苯	致癌
氡	肺癌
TVOC	大多有毒，部分为致癌物
硫氧化合物	诱发心肺疾病、呼吸系统疾病
氮氧化合物	诱发急性呼吸道疾病
臭氧	刺激眼睛，诱发哮喘病
一氧化碳	血红蛋白降低、缺氧、煤气中毒
硫化氢	影响呼吸系统和神经系统
粉尘(飘尘)	影响肺间质组织，诱发支气管炎
氟化物	损害牙齿、骨骼、造血和神经系统
汞	影响神经系统、呼吸系统、消化系统和肾脏
铅	影响神经系统、呼吸系统、造血功能和肾脏
镉	诱发骨痛病、心血管病
酚类化合物	影响神经中枢和造血功能
有机氯	影响脂肪组织、肝脏等
石棉	诱发慢性尘肺病、肺癌
芳香烃	诱发皮肤癌、肺癌、胃癌
真菌毒素	损坏肝脏，诱发肝癌

1. 甲醛

甲醛已被世界卫生组织确定为一类致癌物，研究表明甲醛具有强烈的致癌和促癌作用。甲醛对人体健康的影响主要表现在嗅觉异常、过敏、肺功能异常、肝功能异常和免疫功能异常等方面。当室内空气中甲醛质量浓度达到 0.06～0.07mg/m³ 时，儿童就会发生轻微气喘；质量浓度为 0.1mg/m³ 时，就有异味和不适感；达到 0.5mg/m³ 时，可刺激眼睛，引起流泪；达到 0.6mg/m³ 时，可引起咽喉不适或疼痛；浓度更高时，可引起恶心呕吐，咳嗽胸闷，气喘甚至肺水肿；达到 30mg/m³ 时，会立即致人死亡[24]。长期接触低剂量甲醛可引起慢性呼吸道疾病，严重的会诱发鼻咽癌、结肠癌、脑瘤以及细胞核的基因突变，导致 DNA 单链内交联和 DNA 与蛋白质交联及抑制 DNA 损伤的修复。在所有接触者中，儿童和孕妇对甲醛尤为敏感，危害也就更大，可能会导致妊娠综合征、新生儿染色体异常、白血病，青少年记忆力和智力衰退。WHO 规定了对嗅觉、眼睛和呼吸道产生刺激的甲醛浓度阈值，并指出，当甲醛的室内环境浓度超标 10% 时，就应引起足够的重视。

2. 苯系物

苯系物是一类高致癌性物质，近年来很多劳动卫生学资料表明：长期接触苯系混合物的工人中再生障碍性贫血患病率较高。苯系物还可导致胎儿的先天性缺陷。工业上常把苯、甲苯、二甲苯统称为"三苯"，这三种化合物均存在不同程度的毒性，其中以苯的毒性最大。一般认为，苯的毒性是其在人体内代谢的产物所致，苯须先通过代谢才能对生命体产生危害。苯可以在肝脏和骨髓中进行代谢，而骨髓是红细胞、白细胞和血小板的形成部位，苯可在造血组织内形成具有血液毒性的代谢产物。慢性苯中毒是指苯对皮肤、眼睛和上呼吸道的刺激性作用，经常接触苯，皮肤因脱脂而变干燥、脱屑，有的会出现过敏性湿疹。长期吸入苯能导致再生障碍性贫血。初期时齿龈和鼻黏膜处有类似坏血病的出血症，并出现神经衰弱症状，表现为头昏、失眠、乏力、记忆力减退、思维及判断力降低，随后出现白细胞减少和血小板减少的症状，严重可使骨髓造血功能发生障碍，导致再生障碍性贫血。若造血功能被完全破坏，可发生致命的颗粒性白细胞消失症，并可引起白血病[25]。对接触低浓度苯的工人健康状况进行调查，结果表明虽然工人血液中白细胞数在正常值范围内，但显著低于对照组；经常性接触苯的工人淋巴细胞微核率高于未接触组；制苯车间人群的淋巴细胞微核率与对照组有显著性差异；随作业环境苯浓度的增高，白细胞数有降低趋势，淋巴细胞微核率有增高的趋势，这些均证明低浓度苯对人体健康有损害。短时间内吸入高浓度苯蒸气可引起以中枢神经系统抑制作用为主的急性苯中毒，轻度中毒会造成嗜睡、头痛、头晕、恶心、呕吐、胸部紧束感等，并可有轻度黏膜刺激症状，重度中毒可出现视线模糊、震颤、呼吸浅而快、心律不齐、抽搐和昏迷[26]等症状。吸入浓度为 12.8mg/m³ 以上的苯，短时间内除有黏膜及肺刺激性外，中枢神经亦有抑制作用，同时会伴有头痛、呕呕、步态不稳、昏迷、抽筋及心律不齐；吸入浓度为 44.7mg/m³

以上的苯会立即死亡。

甲苯和二甲苯主要损伤中枢神经系统并刺激黏膜。反复暴露在甲苯环境中，会使大脑和肾受到永久损害。如母亲在怀孕期间受到严重暴露，毒性可能会影响婴儿而产生缺陷。二甲苯会造成皮肤干燥、皲裂和红肿，使神经系统受损，还会造成肾和肝暂时性损伤。甲苯进入体内以后约有 48% 在体内被代谢，经肝脏、脑、肺和肾最后排出体外，在这个过程中会对神经系统产生危害。当血液中甲苯质量浓度达到 $1250mg/m^3$ 时，接触者的短时间记忆能力、注意力持久性以及感觉运动速度均显著降低。二甲苯可经呼吸道、皮肤及消化道吸收，其蒸汽经呼吸道进入人体，部分经呼吸道排出；二甲苯在体内分布以脂肪组织和肾上腺中最多，后依次为骨髓、脑、血液、肾和肝。吸入高浓度的二甲苯可导致食欲丧失、恶心、呕吐和腹痛，有时可引起肝肾可逆性损伤。此外，二甲苯也是一种麻醉剂，长期接触可使神经系统功能紊乱[27]。

3. 氨

氨能够吸收组织中的水分，使组织蛋白变性，并使组织脂肪皂化，破坏细胞膜的溶解度。氨通常以气体形式吸入人体，所以主要对人体的上呼吸道有刺激和腐蚀作用。进入肺泡内的氨，少部分被二氧化碳所中和，或随汗液、尿液以及呼吸作用排出体外，余下被吸收至血液。氨经肺泡进入血液后，与血红蛋白结合，破坏血红蛋白运氧功能。短期内吸入大量氨后可出现流泪、咽痛、声音嘶哑、咳嗽、胸闷、呼吸困难等症状，并伴有头晕、头痛、恶心、呕吐、乏力等，严重的可发生肺水肿、成人呼吸窘迫综合征，同时可能发生呼吸道刺激症状，减弱人体对疾病的抵抗力。浓度过高时除腐蚀作用外，还可通过三叉神经末梢的反射作用而引起心脏停搏和呼吸停止[28]。

4. 氡

世界卫生组织研究表明，氡是仅次于香烟烟雾的第二大诱发肺癌物质。氡被释放出来后悬浮在室内的空气中，随呼吸作用进入人体，一部分附着于气管黏膜及肺部表面，一部分溶入体液进入细胞组织，形成体内辐射，诱发肺癌、白血病和呼吸道病变[29]。研究表明，肺癌发病率的高低和氡浓度的大小有一定的关系，氡浓度越大，肺癌的发病率越高。另外，氡对人体的造血器官、神经系统、生殖系统和消化系统也有一定的影响，吸入较多氡会引起精神萎靡、食欲不振等症状。若长期生活在含氡量高的环境里，就可能对人的血液循环系统造成危害，使白细胞和血小板减少，严重的还会导致白血病。卫生部曾调查 14 个城市的 1524 座写字楼和居室，发现室内氡浓度超标的占 6.8%，氡含量最高的超过标准 6 倍[30]。

5. 总挥发性有机化合物

总挥发性有机化合物(TVOC)被世界卫生组织列为强致癌物质。吸入大量的 TVOC 会引起人机体免疫水平失调,影响中枢神经系统功能,使人的大脑和肾受到伤害,出现头晕、头痛、失眠、记忆力减退、身体乏力、胸闷等症状,还可能影响消化系统,出现食欲不振、恶心,同时抑制人体造血功能,出现白细胞减少和血小板减少等,严重时甚至可损伤肝脏和造血系统,使骨髓造血功能发生障碍,导致再生障碍性贫血,并引起白血病等。女性吸入过多的 TVOC 对生殖功能亦有一定影响,会出现月经异常、月经过多或紊乱等症状。TVOC 对孕妇和婴儿的危害更不容忽视,孕妇在妊娠期间,吸入大量的 TVOC 可能影响胎儿发育而产生缺陷并引起妊娠高血压综合征、妊娠呕吐及妊娠贫血等妊娠并发症[31]。另外,TVOC 对皮肤也有一定的刺激影响,经常暴露于 TVOC 含量较高的房间中会引起皮肤干燥,出现皲裂和红肿等症状。

1.3 室内空气污染的防治措施

1) 提高室内环保意识

在新建或装修房子时,多了解室内空气安全的基本知识,要有健康第一的意识,用绿色家装、绿色消费、原生态的理念进行设计,选择经国家权威部门鉴定或正规厂家生产的环保装饰材料,与装修公司签订合同时提出附加有关室内环境标准的条款,明确施工工艺,杜绝在施工过程中使用有害添加剂等;施工时,把好材料关,科学施工;在选购家具时,应选择正规企业生产的,没有刺激气味或气味较小的产品。

2) 污染源控制

污染源的控制包括室内和室外两个方面:室外污染源应采取相应措施,防止室外污染侵入室内;室内注重居住环境的选择,可通过科学的建筑设计、建造和运行机械通风等措施来减少污染物的浓度,从装修设计、选材、施工等环节全方位控制污染源的引入。

3) 改善通风状况

改善通风状况是室内空气污染预防过程中一种行之有效的手段,通过通风换气,一方面可确保氧气含量,另一方面可降低室内空气污染物浓度。房子装修完,要通风一段时间让材料中的有害气体尽量散发后才可入住;入住新房后,多开窗户,保证室内外通风换气。要注意住宅内的空气流通方向,以免造成内部之间的相互污染。另外,真菌、细菌等生物污染物可以通过改善通风过滤系统、调控室内空气温度和湿度加以控制[32]。

4) 种植绿色植物,净化空气

不少植物能够分解一些有毒物质,室内种植植物不仅能陶冶人的情操,而且能起到美化居室的效果,其中的花卉、草类植物具有以生物酶作催化剂的潜在解毒力,能够吸收室内产生的一些污染物质,净化空气。

5) 推广应用先进治理技术

包括:①掩蔽法,利用环保涂料的吸收、掩蔽作用来抑制污染源释放污染物的数量;②物理吸附法,利用污染物分子与吸附分子之间的物理作用,使得污染物在吸附剂表面富集,以达到去除污染物的目的;③吸收法,将空气通入液相溶液中,以达到除去相应污染物的目的;④过滤法,过滤是利用空气净化设备过滤介质将空气中的颗粒物截留,从而起到净化空气的作用;⑤负离子空气净化法,通过人工强电场产生电子,它与空气中的中性分子以及带正电的尘埃、病毒、细菌结合,达到提高空气质量的目的[30]。

6) 静电除尘法

工作原理是电晕放电使空气中的尘粒带正电荷,然后再利用集尘装置捕集带电粒子。其优点是净化速率高,对大颗粒污染物去除效果好。

7) 光催化氧化法

纳米 TiO_2 在水或空气中受到波长<387.5nm 的紫外线照射时,生成活性氧和羟基自由基,特别是活性氧能与多数有机物反应,同时能与细菌内的有机物反应,生成 CO_2 和 H_2O,从而在短时间内就能杀死细菌,消除恶臭、烟臭和油污等;实验证明,在紫外线照射下,光催化氧化在较短时间内对小分子有机污染物的去除效率可达 100%[33]。

8) 常温催化氧化法

这种方法又称冷触媒法,主要是利用一些贵金属独特的催化氧化性能,使空气中气态污染物转化为 CO_2 和 H_2O。

9) 组合技术

将活性炭吸附与光催化氧化技术组合应用,利用活性炭的吸附能力使 VOCs 浓集,减少传质限制,提高了光催化氧化反应速率。被吸附污染物在光催化剂作用下参与氧化反应,活性炭可以吸附中间副产物,使其进一步催化氧化,以达到完全净化的目标。

现代生活方式使室内环境的空气污染日趋严重,应引起全社会的广泛关注。在日常工作和生活中明确减少污染的注意事项,采取有效的防治对策,就能够有效遏制室内环境空气污染,尽可能地减少室内环境污染给人体带来的伤害。空气净化喷剂是近十年来逐渐发展起来的一种空气净化产品,由于携带方便,操作简单,成本低廉且能够高效净化空气等特点,受到越来越多研究者的关注[34,35],喷剂产品也已经在空气净化领域占据了一定的市场份额。

1.4 室内空气质量控制与质量评价

1.4.1 室内空气质量定义

室内空气质量(indoor air quality，IAQ)对人们的健康和舒适感非常重要，其研究可以追溯到 20 世纪初，而 IAQ 的定义在近二十几年中也经历了许多变化。最初人们把 IAQ 几乎等价为一系列污染物浓度的指标。近年来，人们认识到纯客观的定义并不能完全涵盖 IAQ 的内容，因此对 IAQ 定义进行了新的诠释和发展，其定义已包含了主观感觉的内容。

1936 年 Yaglou 教授等提出用人的直观感受来评价空气质量[36]，1989 年丹麦哥本哈根大学教授 Fanger 提出：空气质量反映了满足人们要求的程度，如果人们对空气满意，就是高质量；反之，就是低质量[37,38]。

美国采暖、制冷与空调工程师协会(ASHRAE)颁布的标准 Standard 62—1989《满足可接受室内空气品质的通风》中将"良好的室内空气质量"定义为：空气中已知的污染没有物达到公认的权威机构所确定的有害浓度指标，并且处于这种空气中的绝大多数人(≥80%)对此没有表示不满意。这一定义把室内空气质量品质的客观评价和主观评价结合起来，体现了人们认识上的飞跃。

1996 年，ASHRAE 在修订版 ASHRAE Standard 62—1989R 中，提出了"可接受的室内空气质量"(acceptable indoor air quality)和"感受上可接受的室内空气质量"(acceptable perceived indoor air quality)等概念。其中"可接受的室内空气质量"定义为：空调房间中绝大多数人没有对室内空气表示不满意，并且空气中已知的污染物没有达到可能对人体健康产生严重威胁的浓度。"感受上可接受的室内空气质量"定义如下：空调房间中绝大多数人没有因为气味或刺激性而表示不满。它是达到可接受的 IAQ 的必要而非充分条件。由于有些气体如氡气、一氧化碳等没有气味，对人也没有刺激作用，不会被人感受到，但却对人危害很大，因而仅用感受上可接受的室内空气质量是不够的，必须同时引入可接受的室内空气质量。

在 ASHRAE Standard 62—1999 中《满足可接受室内空气品质的通风》对"可接受的室内空气质量"的定义为：空气中已知的污染物没有达到公认的权威机构所确定的有害浓度指标，并且处于这种空气中的绝大多数人(≥80%)对此没有表示不满意，这一定义与 ASHRAE Standard 62—1989 中"良好的室内空气质量"的定义相同。这一定义将客观评价和主观评价结合起来，根据该标准中给出的室内污染物指标限值，通过对室内各种污染物进行现场测定，即可进行客观评价，同时结合人们的主观感受即可完成主观评价。与 ASHRAE Standard 62—1989R 中"感受上可接受的的室内空气质量"定义相比，新标准中"可接受的室内空气质量"的定义的可操作性强，更科学全面，因此新标准中未给出"感受上可接受的的室内空气质量"的定义。ASHRAE Standard 62—2007 中保留了"可接受的室内空气质量"的定义。

ASHRAE 标准中对 IAQ 的定义，最明显的变化是它包括了客观指标和人的主观感受两个方面的内容，比较科学和全面。国内有学者认为，IAQ 是指在某个具体的环境内，空气中某些要素对人群工作、生活的适宜程度，是反映了人们的具体要求而形成的概念，所以 IAQ 的优劣是根据人们的具体要求而定的[39,40]。

1.4.2　室内空气质量控制

WHO 在 2010 年对室内空气的重要污染物包括苯、一氧化碳、甲醛、萘、二氧化氮、芳香烃、放射性氡、三氯乙烯、四氯乙烯发布了管理指南，基于健康风险管理，对这些物质的室内空气污染浓度水平提出了指导限值。目前欧盟、美国、日本、加拿大和世界卫生组织等已经编制了室内空气质量控制相关的法规、标准和指南等文件。现将我国以及其他国家、地区和组织的室内空气质量管控措施汇总如下。

1. 中国

近年来，国内研究机构主要开展了有关室内污染危害、室内环境质量指标、室内环境客观评价技术、室内环境检测技术、建筑装饰材料有害气体释放量测试技术、建筑内环境温度场、有害气体的治理技术等基础性研究工作。

中国设计研究院国家住宅与居住环境工程中心 2001 年编写了《健康住宅建设技术要点》。国家质量监督检验检疫总局、卫生部和国家环境保护总局于 2002 年联合发布了《室内空气质量标准》（GB/T 18883—2002），对室内空气的主要污染因子制定了限值。同时，该标准中没有明确规定的污染因子，可在一定程度上参考《环境空气质量标准》（GB 3095）中的相关限值。

卫生部于 2001 年发布实施了《室内空气质量卫生规范》（卫法监发[2001]255 号发布），限定了室内空气污染物浓度限值，并对室内空气卫生条件提出了明确要求。

2007 年卫生部颁布并实施了职业卫生标准《工作场所有害因素职业接触限值 第 1 部分：化学有害因素》（GBZ 2.1—2007）和《工作场所有害因素职业接触限值 第 2 部分：物理因素》（GBZ 2.2—2007），从人体健康角度出发对有害职工健康的污染因子限值进行了较详细的规定，2019 年卫健委修订并发布了《工作场所有害因素职业接触限值 第 1 部分：化学有害因素》（GBZ 2.1—2019）。另外，2010年卫生部颁布实施了《工业企业设计卫生标准》(GBZ l—2010)，对工作场所内的粉尘、有毒物质、通风条件等做了规定。

1) 室内空气质量标准（GB/T 18883—2002）

《室内空气质量标准》中对标准状态下（温度 273K，压力 101.325kPa，干物质状态）的室内空气质量做了详细的规定[41]。

2) 民用建筑工程室内环境污染控制规范（GB 50325—2010）

《民用建筑工程室内环境污染控制规范》由建设部于 2001 年 11 月发布，2010年修订并于 2011 年 6 月 1 日起实施。GB 50325—2010 共修订（涉及正文）80 多条，对室内空气污染物的甲醛和氨的浓度限值作了修改，对于苯和 TVOC 的测定方法，增加了室内空气中苯的测定、室内空气中总挥发性有机化合物（TVOC）测定，修订后的"规范"更加严谨、更具有可操作性，更适合于我国当前控制室内环境污染工作的需要[42]。

3) 环境空气质量标准（GB 3095—2012）

《室内空气质量标准》中未能对某些敏感的污染因子做出明确的限值规定（如铅、总悬浮颗粒物、氟化物等），这些敏感性的污染因子一旦出现在室内环境中往往容易影响人体健康及室内环境空气质量，因此，在某种程度上，需要时可以参考《环境空气质量标准》中的相关限值对室内环境中未做明确规定的室内污染因子进行相关评价。

《环境空气质量标准》（GB 3095—2012）是我国一部具有普遍适用性的空气质量标准，适用于全国范围的环境空气质量评价，规定了环境空气质量功能区划分、标准分级、污染物项目、取值时间、浓度限值、采样与分析方法及数据统计的有效性等[43]。

由于室外空气流通量大，且易受风力、温度、湿度等气候条件及地形条件影响，因此即使是同一种污染因子，《室内空气质量标准》中的限值明显严于或等于《环境空气质量标准》中的一级标准（如 SO_2、CO、O_3 等）。另外，由于室内空间有限且污染源往往较集中，因此暴露在室内空气污染中的人体更易受到健康威胁，因而对致癌物质如苯并[a]芘（B(a)P）的室内空气标准浓度限值予以明确严格化，日平均限值为 $2.5ng/m^3$。目前，铅还没有被纳入室内环境空气质量标准中，但不可否认的是，通过呼吸作用进入人体的铅会带来极大的危害。

4) 室内空气质量卫生规范

2001 年卫生部组织制定了《室内空气质量卫生规范》、《木质板材中甲醛的卫生规范》和《室内用涂料卫生规范》，并印发了关于室内空气质量、木质板材中甲醛和室内用涂料卫生规范的通知。规范明确规定了室内空气质量标准、卫生要求、通风和净化卫生要求，以及室内空气中污染物和其他参数的检验方法。与《室内空气质量标准》不同的是，该规范从卫生安全和人体健康角度出发，强调了室内建筑和装修材料的质量应符合通风系统的安装要求和规范及净化装置的基本要求等。可以说，该系列规范的出台，为进一步强化室内建筑装修材料质量标准的落实和减少其对室内空气质量的影响起到了指导作用，并提供了规范保障和技术措施。该规范将室内空气质量与装修材料的质量、建筑的通风要求紧密地结合在了一起，为提高室内空气质量和规范建材使用、建筑设计奠定了基础。

5) 室内空气中单因子污染物卫生标准

卫生部于 20 世纪 90 年代末期和 21 世纪初颁布实施了一系列室内空气单因子污染物卫生标准，包括《居室空气中甲醛的卫生标准》(GB/T 16127—1995)、《住房内氡浓度控制标准》(GB/T 16146—1995)、《室内空气中二氧化碳卫生标准》(GB/T 17094—1997)、《室内空气中二氧化硫卫生标准》(GB/T 17097—1997)、《室内空气中氮氧化物卫生标准》(GB/T 17096—1997)、《室内空气中臭氧卫生标准》(GB/T 18202—2000)、《室内空气中细菌总数卫生标准》(GB/T 17093—1997)、《室内空气中可吸入颗粒物卫生标准》(GB/T 17095—1997)等。

这些标准中部分限值与《室内空气质量标准》有所出入，其中臭氧、甲醛、氡、氮氧化物(以 NO_2 计)的单因子污染物卫生标准严于《室内空气质量标准》，而菌落总数限值和 CO_2 浓度限值则较其宽松。

6) 特定场所的卫生标准

国家市场监督管理总局在整合各类公共场所设计均适用的卫生要求，增加了选址和储藏间的卫生要求，细化了总体布局与功能分区的卫生要求，同时细化了清洗消毒间、公共卫生间以及暖通空调、给水排水、采光照明、病媒生物防治的卫生要求的基础上，于 2019 年发布并实施了《公共场所卫生管理规范》(GB 37487—2019)、《公共场所卫生指标及限值要求》(GB 37488—2019)、《公共场所设计卫生规范 第 1 部分：总则》(GB 37489.1—2019)、《公共场所设计卫生规范 第 2 部分：住宿场所》(GB 37489.2—2019)、《公共场所设计卫生规范 第 3 部分：人工游泳场所》(GB 37489.3—2019)、《公共场所设计卫生规范 第 4 部分：沐浴场所》(GB 37489.4—2019)、《公共场所设计卫生规范 第 5 部分：美容美发场所》(GB 37489.5—2019)系列卫生标准。

7) 香港特别行政区室内空气质量标准

香港特别行政区 1993 年 11 月完成了《1989 年香港污染问题白皮书的第二次回顾报告》，其中讨论了室内空气污染对健康的威胁及其他有关问题，并提出了一些适当的处理措施。

1997 年末，香港完成了工作和公众地区室内空气质量的研究。1999 年提出开展室内空气品质管理项目，并于 2000 年 6 月 2 日后予以实施。2001 年 1 月 1 日成立室内空气质素资讯中心。2003 年 9 月，公布了《办公室及公众场所室内空气质素管理指引》和《办公室及公众场所室内空气质素检定计划指南》,为室内空气质量管理提供了详尽的指南,在室内空气质素检定计划中,采用两个级别的室内空气质素指标("卓越级"及"良好级"),作为评估处所、楼宇室内空气质素的基准。通过认证的各类处所、楼宇的业主或物业管理公司将会获得清新室内空气标志。

2. 美国

目前美国出台的涉及室内环境空气的相关规定和规范多出自民间学术团体(包括各种协会、学会及组织等),部分州政府也发布了一些标准和评价导则。

室内空气污染问题是一个普遍存在的、影响范围较广的共性问题。在美国,不仅环保部门予以了高度重视,其他政府机构也依照美国国家环境保护局(EPA)的相关建议制定了相应的对策。

1)美国采暖、制冷与空调工程师协会(ASHRAE)

ASHRAE 发布的 ASHRAE Standard 62—1989R 是人们最为熟悉的可接受室内空气质量的指南,几乎被所有建筑法规采用,也被绝大多数工程师用作通风空调系统的设计基础。ASHRAE 标准是一种自愿性标准,不具法律强制性。但按美国法律规定,一旦该标准被州或市议会通过,就成为当地的法律。事实上,ASHRAE Standard 62 是美国影响最大的室内空气质量相关标准,大多数地区在联邦相应法规出台前都指定它为最重要的参考标准。ASHRAE Standard 62.1—2016 规定室内 CO 的年平均浓度不得超过 $10mg/m^3$,臭氧 1h 平均浓度要低于 $0.16mg/m^3$,甲醛浓度不得高于 $0.1mg/m^3$。

ASHRAE 标准采取"持续修订"的方式每一年半编写一次附录,每三年更新一次标准,并保持标委会与社会各界的沟通渠道畅通,记录来自各方面对标准的修改建议。

2)美国职业安全与健康管理局

美国职业安全与健康管理局(Occupational Safety and Health Administration, OSHA)是美国劳工部的下属机构,主要负责与职业相关的安全和健康管理工作。按照美国《职业安全与健康法案》的规定,雇主必须为职工提供安全和卫生的工作场所,鉴于此,OSHA 对生产车间已建立完善的空气污染评价指标体系,但对非职业场所室内环境出现的空气污染问题并无针对性解决方案。由于普通人群暴露在多种污染物中产生健康效应的污染物浓度水平远远低于 OSHA 的衡量标准,因此现有车间标准(Code of Federal Regulations, Title 29, Part 1910.1000-1910. 1450)对普通人群健康指导意义不大。

OSHA 定义了"非产业性室内环境",特指室内或封闭的工作空间,如办公室、教育机构、商业设施、卫生机构以及位于企业内部的办公区、饮食休息区,它不包括生产或制造车间、居住区、交通工具以及农业工作区。

　　1994 年 4 月 OSHA 在美国联邦登记册(Federal Register)上向全社会公布了关于室内空气质量的初步指导原则，试图广泛征求各方的意见[44]。这个导则的主要内容包括：禁止在工作场所吸烟；雇主应提供独立通风的专门吸烟场所；制定改善室内空气质量的执行计划，使工作人员免除室内空气污染物、不良通风及病态建筑物综合征的危害；对室内空气质量定期进行检查和测试；建立室内空气污染问题的档案记录；严格控制一些污染严重的化学品及杀虫剂的使用；建立完善的维护程序；对职员定期进行相关培训。该导则重点放在了室内禁烟上，对其他空气污染并没有作太多的具体规定，也没有建立空气污染物的数值性指标。

　　美国劳工部于 2001 年 12 月 17 日为工人制定了相应的室内空气质量建议(联邦注册号 59：15968-16039)，其中特别指出了吸烟对室内空气将造成极大的危害，另外室内建筑装饰材料及设备也会产生有害工人健康的空气污染问题。该建议规则针对工人的工作环境提出了相应的建议，并围绕室内空气污染对人体健康造成的危害提出了一些建议性的解决方法，但并未对室内空气指标予以定量化的限定。值得注意的是，该建议明确指出室内设备及装饰材料中会释放 VOCs 及颗粒物，并将其释放的污染物质予以了明确的定性[45]。

　　3)美国国家环境保护局(EPA)

　　EPA 于 2003 年发布的《室内氡污染评估》(402–R–03–003)中提到，美国科学院认为室内氡污染是除吸烟之外的最大的肺癌诱因，基于 BEIR Ⅵ 研究结果，美国科学院研究人员预测每年约有 1.54 万～2.18 万美国人由于暴露在过量的氡环境中而罹患肺癌；肺癌的发病率会随吸烟或室内空气中氡的浓度升高而大幅增加。一般情况下，在建筑中安装预防氡污染的装置或材料、安装排风扇等可以有效地将室内氡浓度减低至 148 Bq/m³，室内空气中氡的浓度低于 148 Bq/m³ 即认为是可接受的。EPA 于 2016 年发布的《氡市民指南：如何使自己和家人远离氡》(EPA 402/K12/002)指出每一座新建的房子或新装修的房间都应进行氡检测并建议新建的房屋安装防氡装置。

　　1970 年美国通过的《清洁空气法修正案》规定由 EPA 根据最新的科学研究成果制定国家环境空气质量标准，EPA 于 1971 年 4 月 30 日首次发布《国家环境空气质量标准》(NAAQS)，该标准将空气质量分为 2 级，一级标准以保护人体健康为主要对象，包括对"敏感"人群健康状况保护，二级标准以保护自然生态及公众福利为主要对象，包括防止能见度降低对动物、庄稼、蔬菜及建筑物等的损害。

　　4)其他美国联邦政府机构

　　美国住房与城市发展部(HUD)和消费品安全委员会(CPSC)也根据各自的法律授权在制定各类建筑及家用物品空气污染物的排放标准方面做了一些工作。例如，HUD 规定了木材制品甲醛的排放要求，胶合板甲醛的释放应低于 0.3mg/m³，刨花板的释放应低于 0.4mg/m³。这些浓度值都是环境测试舱的分析测试结果，虽不能直接理解为室内空气标准限值，但却与室内空气质量联系紧密。

5) 州政府及地方政府

为了应对病态建筑物综合征(sick building syndrom，SBS)，美国有 37 个州专门指定了室内空气质量联络官。由于环境烟草烟雾(environmental tobacco smoke，ETS)是影响室内空气质量的主要因素，美国有 45 个州以及哥伦比亚特区立法限制在公共建筑物内吸烟，19 个州和哥伦比亚特区限制在私人企业内吸烟。

一些地方政府已开始立法将与建筑物相关的疾病与社会福利挂钩。如有十多个州承认室内"多化学品过敏症"(multiple chemical sensitivity，MCS)是要求经济补偿的合法理由。此外，美国一些州政府制定了专门法案以改善学校室内空气质量。如西弗吉尼亚州立法人员要求新建学校在第一年必须进行氡测试，以后每 5 年进行一次测试；弗吉尼亚州特别立法小组制定了公立学校内改善室内空气质量的规章；华盛顿州和加州规定了售出家具必须符合甲醛和挥发性有机化合物释放量的最低要求[46]。

3. 欧洲

1) 德国

20 世纪 80 年代中期德国开展了全国范围的环境调查(GerES)：1985 年开展了针对成人的 GerES I 调查；1990～1992 年开展了西德、东德的 GerES II 调查；1998 年开展了 GerESIII调查；2003～2006 年开展了关注儿童健康的 GerESIV调查；2014～2017 年开展了关注儿童和青少年健康的 GerES V 调查，调查对象包括室内空气中的甲醛等 15 种羰基化合物、颗粒物以及 VOC 等对儿童和青少年健康的影响。

2) 其他欧洲国家

1990 年芬兰发布了《室内空气质量指南》的第一版；1995 年更新了健康保护行动的相关要求，同时对《室内空气质量和污染物测量》进行了修改并于 1997 年发布。

丹麦哥本哈根大学 Fanger 教授提出用感官法定量描述污染程度。同时，Fanger 又提出"室内空气质量是人们满意程度的反应"，结合 IAQ 主观评价指标 PDA(预期不满意百分比)来评价室内空气品质[47]。

捷克布拉格技术大学 Jokl 提出采用 decibel 概念来评价室内空气质量[48]。dB 是声音强度单位，将人对声音的感觉与刺激强度之间的定量关系用一对数函数来表达，这同样可用于对建筑物室内空气质量中异味强度和感觉的评价。Jokl 用一种新的 dB 单位(odor)衡量室内总挥发性有机化合物(TVOC)的浓度改变引起的人体感觉的变化。

4. 世界卫生组织(WHO)

1987 年 WHO 发布了《欧洲空气质量指南》，并在 1997 年进行更新。该指南针对有机污染物、无机污染物、常规污染物以及室内特征污染物等制定了空气质量浓度限值。2005 年 WHO 组织专家修订了《空气质量指南：2005 年全球更新版》(Air Quality Guidelines: Global update 2005，AQG 2005)，对可吸入颗粒物(PM_{10} 和 $PM_{2.5}$)、臭氧、二氧化氮和二氧化硫的浓度限值提出了更严格的要求。该指南适用于世界卫生组织所有区域，并指出可吸入颗粒物的准则可以适用于室内空气质量评价。

5. 加拿大

加拿大国家研究理事会于 2005 年 3 月发布了《室内空气质量指南与标准》(Indoor Air Quality Guidelines and Standards，RR-204)的最终报告：材料排放与室内空气质量联合建模阶段 II。整个研究过程包括确定 VOCs 目标清单，建筑材料 VOCs 排放测试的分析方法研究，样本变异性的案例分析，环境因素对建筑材料 VOCs 排放的影响分析，温度对建筑材料 VOCs 排放的影响分析，以环境舱测试分析材料排放数据，制定室内空气质量——材料排放数据库，模型开发与验证，办公建筑 VOCs 与室内空气质量管理的工程学方法研究等。最终的室内空气质量指南与标准报告提出了估算建筑材料、家具所排放的 VOCs 浓度的方法与手段，并为提高室内空气质量提供了更好的科学基础。

6. 日本

2002 年关于解决病态建筑物综合征问题的新《日本建筑标准法》颁布，并于 2003 年 7 月 1 日正式生效。该基本法规规定了房间用于通风的窗户或敞口的标准，包含自然通风和机械通风设备的技术标准，有利于降低住宅室内 VOCs，该标准还严格限制了可能会释放甲醛的室内装修材料的使用面积。为了预防病态建筑物综合征，特别需要充分的通风量以降低建筑材料和产品污染物的浓度，在新建筑基本法中对此也做了适当的补充。厚生劳动省 2019 年发布的室内空气质量指南限定甲醛浓度不得高于 $0.1mg/m^3$，甲苯浓度不得高于 $0.26mg/m^3$，二甲苯浓度不得高于 $0.2mg/m^3$，乙苯浓度需低于 $3.8mg/m^3$，乙醛浓度需低于 $0.048mg/m^3$。

1.4.3 室内空气质量评价

1. 室内空气质量标准常用指标

伴随 IAQ 的定义发展起来的是 IAQ 的评价，IAQ 评价是认识室内环境优劣的一种科学方法,是随着人们对室内环境重要性认识的不断加深而提出的。目前对 IAQ 的评价采取主观方式、客观方式或主客观相结合的方式,或 IAQ 与人体热舒适性评价相结合。

客观评价是采用室内空气污染物浓度等指标来评价 IAQ。各国 IAQ 标准,一般都包括了物理、化学和生物指标,经常选用的指标见表 1-2。客观评价的依据是各种污染物浓度、种类、作用时间与人体健康效应之间的关系[39]。

表 1-2　室内空气质量标准中经常被选用的指标

项目	内容
物理指标	温度、相对湿度、空气流速、新风量
化学指标	一氧化碳、二氧化碳、二氧化硫、二氧化氮、甲醛、臭氧、PM_{10}、$PM_{2.5}$、总挥发性有机化合物 TVOC、苯、甲苯、二甲苯、氨、铅、氡
生物指标	菌落总数、总细菌、总真菌

2. 室内空气质量评价办法

1) 室内空气质量客观评价

客观评价就是直接用室内污染物指标来评价室内空气质量,即选择具有代表性的污染物作为评价指标,全面、公正地反映室内空气质量的状况。由于各国的国情不同,室内污染特点不一样。人种、文化传统与民族特性的不同,造成对室内环境的反应和接受程度上的差异,选取的评价指标理应有所不同。此外,这些作为评价指标的污染物应长期存在、稳定、容易测到,且测试成本低廉。

国际上一般选用 CO_2、CO、甲醛、可吸入颗粒物 IP、NO_x、SO_2、室内细菌总数、温度、相对湿度、空气流速、照度以及噪声共 12 个指标来定量地反映室内环境质量。这些指标可根据具体对象适当增减。客观评价还需要测定背景指标,这是为了排除热环境、视觉环境、听觉环境以及工作活动环境因素的干扰。

CO_2 在以人为主的场合中可以作为评价指标,也可作为反映室内通风情况的评价指标。甲醛浓度是评价建筑材料挥发性有机化合物对室内空气污染影响的主要指标。另外,因室内细菌总数也反映了室内人员密度、活动强度和通风状况,故室内细菌总数也作为室内空气质量的评价指标。

(1) 室内空气污染物的检测评价方法。首先对室内空气污染物进行采样,采样目的主要是能准确检测出室内空气污染物的种类和浓度。因为室内空气污染物具有种类繁多、组成复杂、浓度低、受环境条件影响变化大等特点,目前能直接测定污染物浓度的专用仪器较少,大多数污染物需要将空气样品收集起来,再用一定的分析方法测定其污染物浓度,然后分析这些污染物浓度与室内空气质量的相关性。各种污染物指标的具体测定方法参见 GB/T 18883—2002《室内空气质量标准》。其次，污染物浓度检测出来以后，对照《室内空气质量标准》，给出检测报告，得出室内环境是否达标的结论。这种方法直观，从检测报告中可以看出室内污染物的分布情况和超标倍数。

（2）模糊评价方法。室内空气质量"好"与"坏"是一个模糊概念，因此室内空气质量等级的划分界限是模糊的。采用模糊数学方法研究室内空气质量问题，可以根据室内空气质量隶属于不同等级程度的大小，即隶属度确定室内空气质量的优劣[49]。

一般是将影响室内空气质量的主要指标定为 7 种：CO_2、CO、可吸入颗粒物、菌落数、甲醛、NO_2、SO_2。室内空气质量的模糊评价就是利用模糊数学的处理方法，综合考虑影响对象总体性能的各个指标，通过引入隶属函数同时考虑各指标在影响对象中的重要程度，即权重系数，经过模糊变换得到每一个被评价对象的隶属度，从而判定室内空气质量的优劣[49]。

模糊评价方法需要建立各因素对每一级别的隶属函数，过程较烦琐。而且复合过程的基本运算规则是取最小值和取最大值，强调了权值的作用，丢失的信息较多，突出了严重污染物的影响，但忽视了各种污染因素的综合效应。

（3）灰色理论评价方法。灰色系统理论是 20 世纪 80 年代初由邓聚龙创立的一门系统科学新学科。它以"部分信息已知、部分信息未知"的小样本，"贫信息"不确定性系统为研究对象，主要通过对部分已知信息的生成、开发，提取有价值的信息，实现对系统规律的正确描述和有效控制。根据灰色系统理论，可用时间序列来表示系统行为特征量和各影响因素的发展。灰色系统理论中的灰色关联分析的基本思想是根据序列曲线的相似程度来判断其联系是否紧密，曲线越接近，形状越相似，相应序列之间的关联就越大，反之就越小。序列曲线的相似程度用灰色关联度来衡量。

灰色关联分析方法简单、方便，实测得到的所有数据对评价结果均有影响，充分利用了获得的信息。根据灰色关联矩阵提供的丰富信息，不仅可确定样本的级别，而且能反映处于同一级别样本之间空气质量的差异，评价结果直观、可靠。但该方法没有与室内空气质量主观评价相联系，不够全面。

（4）人体模型评价方法。从已有大量的研究中发现，通风气流、体表对流气流以及呼出气流之间的相互关系对人体热舒适性以及可接受的室内空气质量有很大影响。国外有学者用人体模型对室内空气质量进行评价，这种方法是通过模拟人的呼吸系统，并用一些仪器对人体所感知、所呼吸的空气质量进行综合评价[50]。这种人体模型由 16 个部分组成，其中人工肺由 4 个系统组成：空气传输系统、空气加湿系统、示踪气体系统以及控制呼出空气温度系统。

4 个系统构造如图 1-1 所示，空气传输系统模拟人体肺部的通风（约为 13

L/min)，由两个泵和两个阀组成，从而控制呼吸量；并通过两个相连的数字计时器控制肺的呼吸频率。空气加湿系统则由一个小型泵和一个加湿器组成，泵驱使水经过加湿器并得以加热蒸发。接着，热湿空气经过示踪气体系统并与示踪气体混合，压力阀和流量控制器将示踪气体释放。在呼吸过程中，人体产生 CO_2 气体，该气体量取决于人的体重和活动程度。

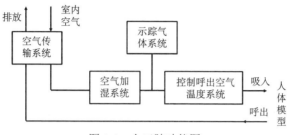

图 1-1　人工肺功能图

在实验中，采用了 CO_2 和 NO_2 的混合气体，两种气体的密度相同，相互间不发生化学反应，比例为 $9:1$。该混合物中 CO_2 浓度与静坐的人排放的气体中 CO_2 浓度相同。这种人体模型评价方法成本和技术水平较高，模拟条件要求苛刻，在国内一般很难实现，适用性差。

(5)计算流体动力学(CFD)模拟计算评价方法。应用计算流体动力学对室内空气质量进行评价是利用室内空气流动的质量、动量和能量守恒原理，采用合适的模型，给出适当的边界条件和初始条件，用 CFD 方法求出室内各点的空气流速、温度和相对湿度；并根据室内各点的发热量及壁面处的边界条件，考虑墙面间的相互辐射以及空气间的对流换热，得到室内各点的辐射温度，综合人体的着衣量和活动量，求得室内各点的热舒适指标 PMV。同时利用室内空气的流动形式和扩散特性，得到室内各点的空气龄，从而判断送风到达室内各点的时间长短，评估室内空气的新鲜度。这种方法要求使用人员具有很高的技术水平以及计算机应用能力。但是，随着计算机运算速度的提高、计算流体模型的完善，CFD 方法将会成为 IAQ 评价的有效工具。CFD 模拟的一般流程如图 1-2 所示[51]。

(6)大气质量评价法。有学者认为用"大气质量评价法"更为合理，该方法即对大量的测试数据首先进行统计分析，求得有代表性的统计值，然后对照客观评价准则，对室内空气质量进行评价，该评价方法包括以下几个指数：

算术叠加指数 P

$$P = \sum \frac{C_i}{S_i} \tag{1-1}$$

式中，P 表示各污染物分指数的叠加值；C_i 表示各污染物浓度；S_i 表示各污染物标准上限值。

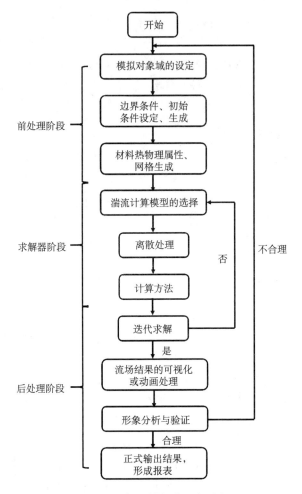

图 1-2 CFD 模拟的一般流程

算术平均指数 Q

$$Q = \frac{1}{n} \sum \frac{C_i}{S_i} \tag{1-2}$$

式中，Q 表示各污染物分指数的算术平均值；n 表示污染物种类。

综合指数 I

$$I = \sqrt{\left(\frac{1}{n} \sum \frac{C_i}{S_i} \right) \left(\max \left| \frac{C_1}{S_1}, \frac{C_2}{S_2}, \cdots, \frac{C_n}{S_n} \right| \right)} \tag{1-3}$$

式中，I 表示兼顾污染物最高分指数和平均分指数的综合指数。

以上各分指数可以较为全面地反映出室内的平均污染水平和各种污染物之

间的污染程度上的差异，并可由此确定室内空气中的主要污染物，3 项指数能够明确地反映出各个建筑物之间的差异。

其次是室内空气质量等级评价问题，这要与人体健康受环境污染影响的程度相联系，并考虑到不同等级的环境质量引起的环境效应(主要考虑主观评价)。我国将环境质量分为 5 级，等级划分基准见表 1-3。

表 1-3 环境质量分级基准

分级	特点
清洁	适宜于人类活动
未污染	各环境要素的污染物均不超标，人类生活正常
轻污染	至少有一个环境要素的污染物超标，除了敏感者外，一般不会发生急慢性中毒
中污染	一般有 2～3 个环境要素的污染物超标，人群健康明显受害，敏感者受害严重
重污染	一般有 3～4 个环境要素的污染物超标，人群健康受害严重，敏感者可能死亡

由于室内环境中的污染物浓度很低，短期内对人体健康不会有明显作用。因此可以根据环境质量综合指数，将室内空气质量分为 5 级，见表 1-4。认为综合指数在 0.5 以下是清洁环境，可获得室内人员最大的接受率；如达到 1 可认为是轻污染；达到 2 以上则判为重污染，由此可判断出室内空气质量的等级[37,40]。

表 1-4 室内空气质量等级

综合指数	室内空气质量等级	等级评语
≤0.49	I	清洁
0.50～0.99	II	未污染
1.00～1.49	III	轻污染
1.50～1.99	IV	中污染
≥2.00	V	重污染

2)室内空气质量主观评价

仅凭对室内空气质量的客观评价还不能全面、公正地反映室内空气质量的状况，因为人的个体间的差异，即使在相同的室内环境中，人们也会因所处的精神状态、工作压力、性别等因素的不同而产生不同的反应。因此，还需结合主观评价。此外，有些污染物浓度目前还不能用客观评价确定其是否可接受，只能靠主观评价其可接受性。

主观评价主要是通过对室内人员的询问及问卷调查得到的，即利用人体的感觉器官对环境进行描述与评判工作。现代化建筑内的设施以及全空调的环境，室内人员常常并未真正意识到室内空气质量有问题，或觉察不到自己会接触到室内空气中的有害物，更不会认识到对健康的不利影响。因此要了解室内空气污染物在低浓度下长期对人群的影响，需对有关人群进行早期检测，这些主要靠主观评价。长期以来，人们就利用自身的感觉器官进行评价和判别工作。一般都依靠器官敏感及经验丰富的专家，如 Fanger 就是采用这种方法。

这种方法的弊病是：①担任评价人员的专家往往不易召集；②由于专家人数少，如果评价结果差异太大，难以得到较为公正的统计结果；③人的感觉状态和环境条件的变化经常影响感官分析的结果；④人具有感情倾向和利益冲突，会使评价结果出现倾向性；⑤专家对空气质量的评价与普通室内人员有差异；⑥专家的选择与培养以及评价的组织耗时长、费用大。

主观评价主要有两方面的工作：一方面是表达人们对环境因素的感觉；另一方面是表达环境对人体健康的影响。室内人员对室内环境接受的程度属于评判性评价，对室内空气质量感受的程度则属于描述性评价[52]。

主观调查可分为对室内人员的"定群"调查和对外来人员的"对比"调查。由于人的个体之间的差别以及人体对环境的生理适应性，室内人员和外来人员的主观评价会有所不同，但依据科学制定的主观评价标准格式对室内空气质量进行定量描述，并进行数理统计分析，能合理有效地纠正误差带来的影响，并在一定程度上反映室内空气环境的现状。

感觉刺激的影响能根据自我感觉症状和不适感的程度而定，自我感觉的表达是很模糊的，为防止人员采用各自的评价基准和尺度而引起一些不必要的误差，受试者需要一定的训练。对受试者不同反应程度进行分级评估，则比较确定。因此，在实践中，有必要为受试者制定一种用数值表示不同反应程度的标准。

一般人能够不混淆地区分的感觉量级不超过 7 个，所以主观评价的等级标度往往根据不同的对象分为 5 个或 7 个。如评价室内热环境常采用 7 级标度，评价室内空气质量常采用 5 级标度。一般采用等级均分法，这将易于检验，有可能仅用内在的数据就可以验证某个等级标度并得出各个等级的心理学宽度。在心理学测试中，可靠性十分重要，它是指一个测验在相同的情况下产生同样答案的可信程度。一般采用问卷调查的方法。问卷调查中关于主观评价的内容一般包括：①职业状况，如工作满意程度、工作压力、工作环境等；②病态建筑物综合征状况，如困倦、头痛、眼睛发红、流鼻涕、嗓子疼、恶心、头晕、皮肤瘙痒、过敏等。

为了能提取最大的信息量以及取得最大的可靠度，主观评价还包括背景调查。背景调查可分为两部分，即个人资料调查和排他性调查。个人资料调查包括年龄、性别、是否抽烟、是否有过敏史等。排他性调查包括温度、湿度、灯光、噪声、吹风感、异味、灰尘、静电和电脑使用情况调查，是为了排除热环境、视觉环境、听觉环境和人体功效活动环境对主观评价的影响。例如室内有人头痛，就要排除照明、噪声和操作电脑的影响，并得到本人的认可，才能确定是由室内空气质量所引起的。当背景指标的测试结果在舒适范围内时，评价指标数据才有效[53]。另外，要提高评价质量以及可比程度，主观评价规范化和标准化是目前最迫切的任务。

由于室内大多数空气污染物可能会引起气味，有的具有不可接受的强度或难以容忍的特性，有的能刺激眼睛、鼻子或咽喉，有的会引起过敏反应，这需要室内人员以自己的感受来表述环境对健康的影响。这同样也需要室内人员能够以相同的感觉量级来表达对各自的工作环境的感受，以公正、客观地确定这类症状的普遍程度。标准的主观评价调查表提供了这种可能性。

一般引用国际通用的主观评价调查表并结合个人背景资料，主要包括以下几个方面：在室者和来访者对室内空气不接受率，对室内空气的感受程度，在室者受环境影响而出现的症状及其程度。然后，室内空气质量专家通过相关视觉调查做出判断，最后综合分析给出结论，同时根据要求，提出仲裁、咨询或整改对策。

为了研究方便，1988 年 Fanger 教授提出沃尔夫（olf）和波尔（decipol）作为衡量 IAQ 的量纲[54,55]，通过预期不满意度（predicted dissatisfied, PD）来评价室内空气质量。其计算公式为

$$PD = 395e^{(-3.25C^{-0.25})} \tag{1-4}$$
$$C_{indoor} = C_{outdoor} + 10G/Q \tag{1-5}$$

式中，C_{indoor} 表示室内空气质量的感知值，单位为 decipol；$C_{outdoor}$ 表示室外空气质量的感知值，单位为 decipol；G 表示室内空气及通风系统的污染物源强，单位为 decipol；Q 表示新风量，单位为 L/s。

PD 与 IAQ 的关系如图 1-3 所示。从图 1-3 中可见，在低污染时室内空气质量的微小恶化也会导致 PD 的急剧增大，当空气质量大于 5decipol 时，就有约一半的人对空气质量感到不满意。

美国通风标准 ASHRAE Standard 62—2007 规定：考虑到大多数污染物是有气味或刺激性的，认为至少要由 20 位未经训练的人员组成室内空气质量评定小组，以一般访问者的形式进入室内，在 15s 内做出相关判断。每位人员必须独立做出判断，不应受到他人或评定小组领导的影响。当评定小组中有 80%的人员认为室内没有引起烦恼的污染物，并未对一些典型设备的使用或居住状态提出异议，可以认为该室内环境的空气质量是可以接受的，否则就认为室内空气质量是不可接受的。

这种嗅觉评价方法简单，历时较短，但由于完全依据人体的主观感觉进行评价，评价标准较为模糊，具有很大的局限性，不能全面、正确地评价室内空气质量，同时这种评价方法不能用于无气味的污染物，例如 CO 和氡等。

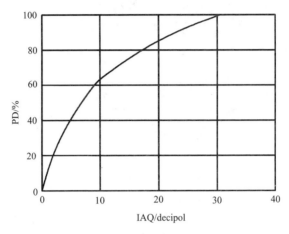

图 1-3   PD 与 IAQ 的关系

由于居室是人们主要的生活环境，室内空气质量的好坏直接关系到人的舒适和健康状况，所以某些健康状况可作为室内空气质量问题的指示器，特别是这些症状如果是在迁入新居，或者是在重新装修的房子，或者在家里使用了杀虫剂产品后出现的。如果认为某种疾病可能与家居环境有关，可以找当地的医生或者有关的健康部门进行咨询，看看这些症状是否是由于室内空气污染引起的。如果出现的某种症状随着人离开房间而减弱或消失，随着人返回房间而又出现，应该可以判断室内空气污染是产生这种症状最直接、最有可能的原因。

另一种判断居室是否已经出现或者可能会出现空气质量问题的方法，是识别潜在的室内空气污染源。尽管这些污染源的存在并不意味着一定就会出现室内空气质量问题，但知道潜在污染源种类和数量，却是评价室内空气质量的重要步骤。

室内空气质量的主观评价方法主要是以人的感觉器官作为评价工具和手段，因为人长期处于建筑物内，直接感受室内的环境状况，最能反映室内空气质量的优劣[40,56,57]。为了辨别家里的气味，可到室外待一会儿，然后再进入室内，看看两者是否有明显的差别。

参 考 文 献

[1]   北镇. 中国室内环境污染危害严重[J]. 世界环境, 2004, (5): 30-45.

[2]   程锦, 朱雅雯, 陈静, 等. 室内空气污染和治理途径综述[J]. 居舍, 2019, 25: 155-157.

[3]   Bas G, Srecec D, Wei bach W, et al. Socio-economic relevance of sick building syndrome: a

literature study[C]. Proceedings of the 10th International Conference on Indoor Air Quality and Climate Beijing, 2016: 402-406.

[4] Zhou M, Wang H, Zhu J, et al. Cause-specific mortality for 240 causes in China during 1990-2013: A systematic subnational analysis for the Global Burden of Disease Study 2013[J]. The Lancet, 2016, 387(10015): 251-272.

[5] 朱三虎. 室内环境污染防治法律问题研究[D]. 太原: 山西财经大学, 2009.

[6] 齐鹏然. 对我国室内空气污染的认识研讨[J]. 黑龙江科学, 2018, 9(6): 7-9.

[7] 李静雅, 李红恩. 居室装饰装修后空气污染对人体健康的危害与防治[J]. 中国社区医师 (医学专业), 2010, (13): 220.

[8] 闫金萍. 甲醛及其对人体健康的危害[J]. 化学世界, 2004, 45 (10): 558-559.

[9] 于慧芳, 李心意, 陶晶, 等. 空气中总挥发性有机化合物测定条件探讨[J]. 环境与健康杂志, 2007, 24 (2): 116-118.

[10] 苟胜荣. 建筑室内装修甲醛污染分析及甲醛排放量预测研究[J]. 当代化工, 2019, 48(9): 2158-2161.

[11] 何明来, 贾代勇, 隋鲁彦. 室内氡危害及案例分析[J]. 洁净与空调技术, 2010, (2): 1-4.

[12] 吴银彪. 室内空气污染及其控制方法[J]. 中国环保产业, 1998, (5): 24-25.

[13] 叶彩华, 朱文炎. 民用建筑空调能耗与室内空气污染调查[J]. 科技创新导报, 2018, 15(7): 201-202.

[14] 肖智毅. 室内空气质量与人体健康效应[J]. 现代预防医学, 2007, 34 (14): 2666-2667.

[15] 徐玉党. 室内污染控制与洁净技术[M]. 重庆: 重庆大学出版社, 2006.

[16] 朱天乐, 郝吉明, 周中平, 等. 我国室内空气污染现状、成因与对策[J]. 环境污染治理技术 与设备, 2002, 3 (10): 14-18.

[17] 刘靖. 室内空气污染控制[M]. 徐州: 中国矿业大学出版社, 2012.

[18] Lin N, Mu X, Wang G, et al. Accumulative effects of indoor air pollution exposure on leukocyte telomere length among non-smokers[J]. Environmental Pollution, 2017, 227: 1-7.

[19] Melymuk L, Bohlin-Nizzetto P, Kukučka P, et al. Seasonality and indoor/outdoor relationships of flame retardants and PCBs in residential air[J]. Environmental Pollution, 2016, 218: 392-401.

[20] 杨雪琴. 我国室内环境污染的成因及对策探析[J]. 科技传播, 2015, 7(24): 221-222.

[21] 张晓辉, 李双石, 曹奇光, 等. 室内空气污染的危害及其防治措施研究[J]. 环境科学与管理, 2009, 36(7): 22-25.

[22] 卢楠. 亚洲若干城市住宅建筑室内空气品质比较[D]. 天津: 天津大学, 2005.

[23] 胡建颖, 刘佳. 新装修室内甲醛的监测和防治方法[J]. 林产工业, 2012, 39 (4): 51-53.

[24] 宋宁. 关于室内甲醛污染的调查[J]. 中国新技术新产品, 2010, (20): 187.

[25] 于健, 宋雷蕾. 不同吸附剂对苯污染废水的吸附研究[J]. 中国科技信息, 2012, (13): 43.

[26] 高兰萍, 姜秀杰. 浅谈建筑装修材料的污染及其防治[J]. 内蒙古石油化工, 2011, 37(5): 62.

[27] 孙辉. 吸附法去除室内空气中苯、甲苯的研究[D]. 大连: 大连轻工业大学, 2007.

[28] 赵红. 18例氨气吸入反应的护理与对策[J]. 中国社区医师(医学专业), 2012, 14(14): 358-359.

[29] 杨英. 居室的化学污染[J]. 宁德师专学报(自然科学版), 2005, 17(1): 55-57, 61.

[30] 徐昂. 浅析室内环境空气污染的危害与治理[J]. 硅谷, 2008, (10): 162.

[31] 徐创霞, 卢晓煌, 廖志华, 等. 室内环境污染物的来源、危害及防治措施[J]. 四川建筑科学研究, 2008, (1): 213-215.

[32] 洪燕. 室内空气污染分析及防治措施[J]. 污染防治技术, 2006, (3): 48-51.

[33] 古政荣, 陈爱平, 戴智铭, 等. 活性炭-纳米二氧化钛复合光催化空气净化网的研制[J]. 华东理工大学学报, 2000, 26 (4): 367-371.

[34] 游辉. 全新复合型空气净化剂"水性炭"[J]. 安全, 2012, 9: 58-59.

[35] 刘青松. 二氧化氯空气净化喷剂的研究[J]. 研发前沿, 2009, 17(13): 27-31.

[36] Yaglou C P, Riley E C, Coggins D I. Ventilation requirements[J]. ASHRAE Transactions, 1936, 42: 133-162.

[37] 沈晋明, 刘燕敏. 室内空气品质的新定义与新风直接入室方法的实验测试[J]. 暖通空调, 1995, 25(6): 30-33.

[38] Fanger P O. The new comfort equation for indoor air quality[J]. ASHRAE Journal, 1989, 10(8): 272.

[39] 袭著革. 室内空气污染与健康[M]. 北京: 化学工业出版社, 2003.

[40] 王昭俊. 室内空气环境评价与控制[M]. 哈尔滨: 哈尔滨工业大学出版社, 2016.

[41] 国家质量监督检验检疫总局. 室内空气质量标准(GB/T 18883—2002)[S]. 北京: 中国标准出版社, 2002.

[42] 住房和城乡建设部. 民用建筑工程室内环境污染控制规范(GB 50325—2010)[S]. 北京: 中国计划出版社, 2010.

[43] 国家环境保护部. 环境空气质量标准(GB 3095—2012)[S]. 北京: 中国环境科学出版社, 2012.

[44] OSHA. Indoor Air Quality[S]. Federal Registers, 1994, 59: 15968-16039.

[45] 徐志伟. 美国室内空气质量标准初探[J]. 中国环境卫生, 2003, 6(4): 7-12.

[46] 钱华, 戴海夏. 室内空气污染来源与防治[M]. 北京: 中国环境科学出版社, 2012.

[47] 王焕雷. 室内安全生态评价及专家系统研究[D]. 大连: 大连理工大学, 2004.

[48] Jokl M V. New units for indoor air quality: decicarbdiox and decitvoe[J]. International Journal of Biometeorol. Building Sciences (Technical University of Prague), 1998, 42: 93-111.

[49] 初春玲, 曹叔维, 周俊彦. 室内空气品质的模糊性综合评判[J]. 建筑热能通风空调, 1999, 18(3): 9-11.

[50] Melikov A, Kaezmarezyk J, Cygan L. Indoor air quality assessment by a 'breathing' thermal manikin, air distribution in rooms[C]. Proceedings of the 7th International Conference. 2002, 1: 101-106.

[51] 马哲树, 姚寿广. 室内空气品质的 CFD 评价方法[J]. 华东船舶工业学院学报(自然科学版), 2003, 17(2): 84-87.

[52] 江燕涛. 室内空气品质主观评价的影响因素分析研究[D]. 长沙: 湖南大学, 2006.

[53] 桑稳姣, 杨松, 高燕. 室内空气品质评价方法[J]. 安全与环境工程, 2004, 11 (4): 26-28.

[54] Fanger P O. Olf and decipol: New units for perceived air quality[J]. Building Services Engineering Research and Technology, 1988, 9(4): 155-157.

[55] Fanger P O. Introduction of the olf and decipol units to quantify air pollution perceived by humans indoors and outdoors[J]. Energy and Buildings, 1988, 12(1): 1-6.

[56] 封宁, 付保川. 室内空气质量评价方法及其数学模型[J]. 苏州科技学院学报(自然科学版), 2015, 32(4): 9-14.

[57] 周中平, 赵寿堂, 朱立, 等. 室内污染检测与控制[M]. 北京: 化学工业出版社, 2002.

2 空气净化喷剂原理

空气净化喷剂是一种借助雾化技术增大吸收液与污染物接触面积并提高污染物到吸收液的传质速率，最终通过吸收液与污染物间的物理或化学作用实现有效去除空气中污染物目标的净化产品。针对不同污染物设计喷剂或改善喷剂净化性能的关键在于厘清污染物与吸收液间相互作用的范畴。因此，需要通过分析污染物的物理、化学或生物性质，针对性地设计或选择吸收剂使之能够通过物理或化学方法吸收污染物质或杀灭细菌。

喷剂对空气的净化过程实质上是吸收剂通过物理或化学方法吸收空气中污染物的过程，据此这种吸收大致可以分为物理吸收和化学吸收两种。无论哪种吸收方式，污染物在气相侧的扩散与转移是无差异的，区别在于液相中是否生成了新的物质。若吸收剂中仅发生污染物在溶剂中的溶解或分散而不伴有明显的化学反应过程，这种吸收方式即为物理吸收，如用水吸收甲醛、氨气等，物理吸收性能高低与污染物在溶剂中溶解、分散能力大小密切相关，主要受溶质和溶剂的性质、污染物浓度以及使用环境的温度和压力影响。化学吸收是指污染物在液相侧与溶剂或溶剂中其他物质发生特异性作用形成新的物质，如碳酸氢钠溶液吸收 SO_2 或亚硫酸钠溶液吸收 O_3 等，需要指出的是化学吸收过程必须要合理设计，保证反应形成的新物质不会对环境或人类造成二次污染。化学吸收过程使污染物不再具有原来的化学或物理性质，从而达到消除污染、净化空气的目标。

化学吸收过程中吸收剂对污染物具有明显的选择性，体现在吸收剂对不同污染物的吸收速率存在显著差异，这主要源于不同污染物所具备的独特的化学性质；而物理吸收是一种非特异性吸收方式，污染物自身物理性质决定了其与吸收剂的相容程度。在使用条件均相同的条件下，吸收剂对溶解度或分散度相近的不同污染物的吸收能力没有明显区别。在实际生产和生活过程中首先需要了解污染物与吸收剂之间可能存在的特异性作用，并兼顾使用场所、生产成本、净化目标等多种因素选择物理吸收方法、化学吸收方法或物理吸收和化学吸收相结合的方法去除空气中污染物质。

2.1 物 理 吸 收

物理吸收法是利用溶剂对污染物的溶解度或分散度远高于空气中其他组分的特性实现污染物与其他组分的分离，达到净化空气的目的。物理吸收所能达到的限度取决于吸收条件下的气液平衡关系，溶质到液相的扩散速度决定了溶剂对污染物的吸收速度。溶剂在物理吸收过程中发挥着决定性作用，因此可以根据污染物与溶剂之间差异化的相互作用(溶解、惯性碰撞等)选择不同的溶剂即能有效去除空气中的污染物，所选溶剂可以是单组分的也可以是混合溶剂，但必须确保所选溶剂在使用环境下不会产生二次污染。

2.1.1 污染物的溶解

两种或两种以上物质混合成为分子状态均匀相的过程称为溶解，这是物理变化过程。对使用喷剂净化空气而言就是指空气中污染物在吸收液中形成分子状态分散的均匀相，溶剂的选择是这一过程的关键，通常需要选择安全无毒、高沸点、低熔点、化学稳定性好、无腐蚀性的物质作为吸收剂。水作为一种常见的绿色溶剂已被广泛用于氨气的吸收处理，常温常压下 1 L 水能够吸收体积为 700 L 的氨气，得到氨水溶液。然而由于空气中其他污染物如苯、甲苯、二甲苯、一氧化碳、二氧化硫、二氧化碳、臭氧等污染物在水中的溶解度较低或者容易解吸造成二次污染，因此需要寻找其他合适的物质替代水作为溶剂净化空气中的这些污染物。

离子液体是由特定阳离子和阴离子构成的呈液态的物质，以液态离子的特性区别于传统的固态或液态物质，在室温或近于室温下呈液态的由离子构成的物质称为室温离子液体。常见的阳离子包括季铵盐离子、季𬭸盐离子、咪唑盐离子、吡啶盐离子和胍类离子，阴离子有卤素离子和酸根离子(图 2-1)。

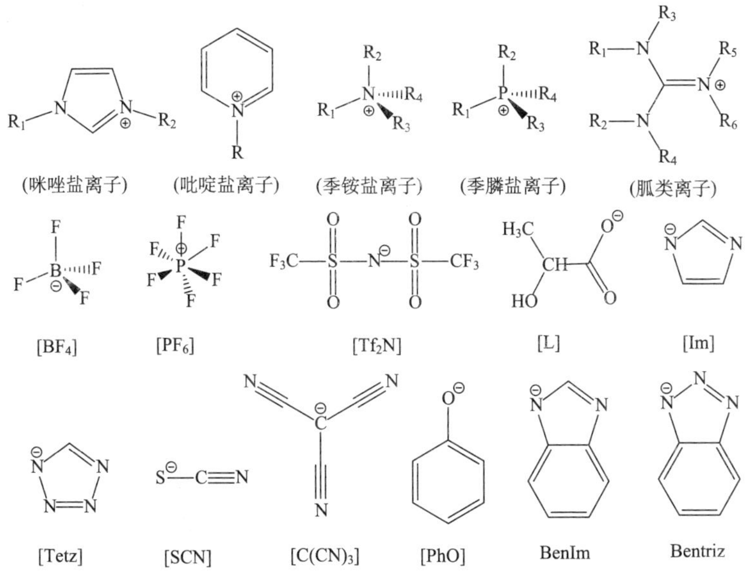

图 2-1 部分常见阴、阳离子结构

与传统的有机溶剂相比，离子液体表现出良好的热稳定性和化学稳定性，几乎没有蒸气压，非挥发性的特点，能够有效避免因吸收剂自身的挥发带来的溶剂损失、污染物解吸造成二次环境污染等问题。此外，离子液体溶解范围广，对许多有机和无机物都具有较高的溶解能力，而且基于离子液体独特的构成方式及阴阳离子的多样性，研究者可以针对特定污染物通过选择不同的阴阳离子进行组合设计离子液体的结构，或者引入功能化基团对其改性，得到高吸收量、高选择性的稳定的吸收剂。

离子液体的上述特性使得其在气体吸收方面，有着极大的研究价值和应用前景，国内外研究者在利用离子液体作为吸收剂吸收二氧化碳[1]、二氧化硫[2]、氨气[3]、硫化氢[4]、芳香烃[5]、氮氧化物[6]等污染物方面已经开展了大量工作，并取得了阶段性进展。Huang 等[7]研究了三种不同阴离子结构的胍类离子液体[TMG][Tf_2N]、[TMG][BF_4]和[$TMGB_2$][Tf_2N]（图 2-2）对 SO_2 的吸收性能，实验结果表明在 20℃，0.1MPa 条件下，三种离子液体对 SO_2 均具有较高的吸收容量，红外和核磁分析结果表明 SO_2 是以分子状态存在于上述离子液体中，说明 SO_2 是通过物理作用溶解在离子液体中。

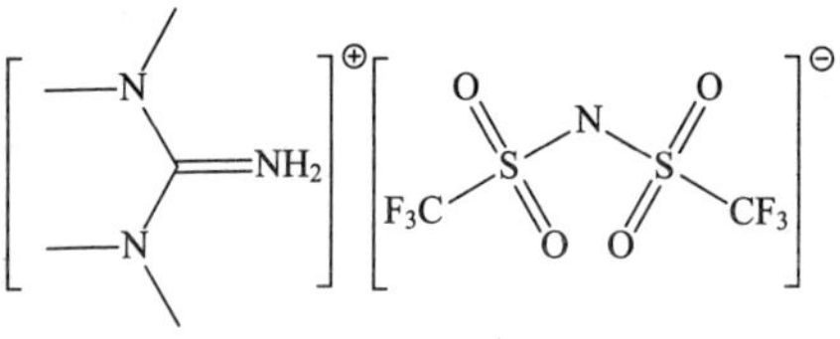

[TMG][Tf_2N]

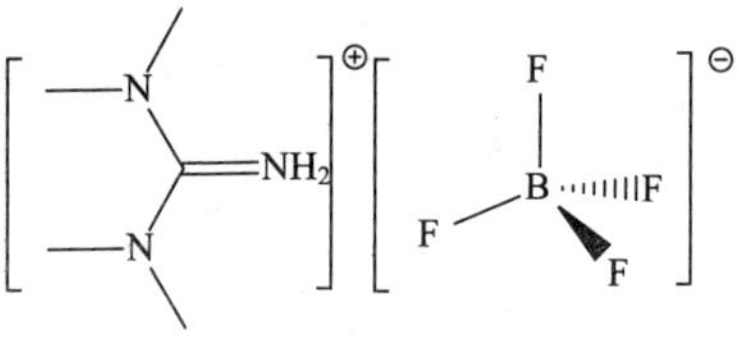

[TMG][BF_4]

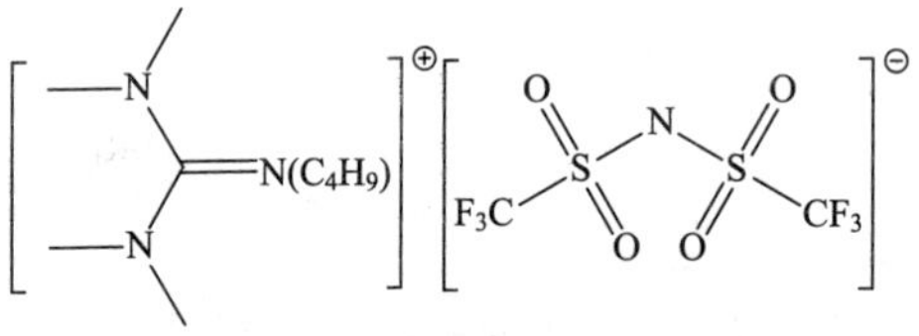

[$TMGB_2$][Tf_2N]

图 2-2 [TMG][Tf_2N], [TMG][BF_4]和[$TMGB_2$][Tf_2N]结构示意图

Yu 等[8]利用分子动力学模拟和量化计算的方法进一步研究了[TMG][BF_4]和[TMG][Tf_2N]两种离子液体与 SO_2 之间的相互作用，量化计算结果表明 SO_2 与阴离子的相互作用要明显强于其与胍类阳离子的作用，说明阴离子在离子液体吸收 SO_2 过程中起着更为重要的作用。Zeng 等报道的结果也表明离子液体中阴离子对 SO_2 吸收性能的影响更为显著[9]，该课题组合成了一系列吡啶类离子液体并考察了这些离子液体对 SO_2 的吸收性能，同时还结合量化计算和分子动力学模拟深入研究了离子液体吸收 SO_2 的机理，结果表明阴离子与 SO_2 之间静电相互作用最强

的离子液体表现出最高的 SO_2 吸收性能。Anderson 等[10]报道了 1-己基-3-甲基咪唑双三氟甲烷磺酰亚胺盐[Hmim][Tf$_2$N]和 1-己基-3-甲基吡啶双三氟甲烷磺酰亚胺盐[HmPy][Tf$_2$N]两种离子液体在不同条件下对 SO_2 的吸收性能，在 25℃，0.1 MPa 下两种离子液体表现出相当的吸收容量。进一步研究表明随着温度的升高或压力的下降，两种离子液体对 SO_2 的吸收性能均出现明显降低，说明 SO_2 主要是通过氢键、范德瓦耳斯力、库仑力以及π−π键等物理作用溶解在离子液体中。咪唑型离子液体也是一类重要的 SO_2 吸收剂[11]，有研究指出每摩尔 1-丁基-3-甲基四氟硼酸盐[Bmim][BF$_4$]和 1-丁基-3-甲基双三氟磺酰亚胺盐[Bmim][Tf$_2$N]，在 20℃，1bar①下分别可吸收 1.5mol 和 1.33mol SO_2，但 SO_2 的吸收量会随着压力的降低而显著减少，核磁和红外结果表明 SO_2 与离子液体间主要是物理作用[7]。Lee 等[12]合成了多种卤素阴离子咪唑型离子液体并将这些离子液体用于吸收 SO_2 的试验中，从试验结果可知阴离子的种类对 SO_2 吸收性能有一定影响，溴化 1-丁基-3-甲基咪唑具有最高的 SO_2 吸收容量，机理分析表明这些离子液体吸收 SO_2 的过程中仅存在物理作用。为了进一步提高离子液体对 SO_2 的吸收能力，研究人员设想通过引入羟基或醚基制备功能化离子液体，利用羟基或醚基中的 O 与 SO_2 发生物理作用，增加 SO_2 的吸收位点从而提高离子液体对 SO_2 的吸收性能[13,14]。Huang 等[15]将羟基引入到胍类离子液体的阳离子中后发现每摩尔离子液体对 SO_2 的吸收量增加了 0.74mol。Hong 等[16]合成了系列醚基功能化的咪唑类离子液体并考察了这些离子液体对 SO_2 吸收性能的变化情况，结果表明引入醚基后离子液体对 SO_2 的吸收性能得到明显增强且在阴阳离子相同的情况下，SO_2 吸收量随醚基个数的增加而增加，但后续研究表明醚基功能化咪唑类离子液体对 SO_2 的吸收性能会随温度升高而降低[17]。

二氧化碳是一种温室气体，目前物理方法吸收 CO_2 主要利用 CO_2 在聚乙二醇二甲醚、低温甲醇、吡咯烷酮、碳酸丙烯酯和环丁砜等溶剂中的溶解度随压力和温度变化而改变的原理实现的。近年来离子液体作为一种新型物理溶剂也被广泛用于 CO_2 吸收过程中。1999 年 Blanchard 等[18]报道了 CO_2 在 1-丁基-3-甲基-咪唑六氟磷酸盐（[Bmim][PF$_6$]）中具有较高的溶解度，同时他们还发现在吸收了大量 CO_2 后，[Bmim][PF$_6$]的体积仅增加了 10%～20%，Huang 等[19]运用分子模拟的方法对这种现象进行了探索，他们认为溶解的 CO_2 主要位于咪唑阳离子周围及烷基链末端处，由于阴阳离子间相互作用以及阴离子的小角度重排使离子液体体相中产生了自由体积，而不是离子液体自身，CO_2 会优先占据这部分自由体积，反过来当 CO_2 溶解后会促进[PF$_6$]阴离子向咪唑阳离子上的甲基方向移动，这样就在原来的位置留下了可以容纳更多 CO_2 分子的空间。Blanchard 等[20]通过模拟

———————————————

① 1bar=0.1 MPa

[Bmim][PF$_6$]$^-$CO$_2$ 体系进一步探索了自由体积对 CO$_2$ 溶解过程的影响，他们发现离子液体自身存在的孔隙尺寸无法与 CO$_2$ 分子相匹配，然而当引入 CO$_2$ 后，阴离子就会发生小角度重排形成足够容纳 CO$_2$ 分子的空间，这就解释了为什么即便是很高的吸收量的时候离子液体的体积也不会有太大变化，不过这种由阴离子小角度重排产生的有限的自由体积也决定了离子液体所能吸收的 CO$_2$ 的量是一定的。对 CO$_2$、[Bmim]$^+$和[PF$_6$]$^-$扩散系数以及扩散活化能的计算结果均表明离子液体中 CO$_2$ 的迁移扩散能力和速度要远高于[Bmim]$^+$和[PF$_6$]$^-$[21]，这就为 CO$_2$ 分子能够在阴离子小角重排产生的自由体积中迁移扩散提供了理论依据[22]。

有研究人员从离子液体的组成上讨论了 CO$_2$ 在其中的溶解行为。Cadena, Anthony 等[23,24]认为离子液体中的阴离子在吸收 CO$_2$ 过程中起到了更为重要的作用，他们考察了 CO$_2$ 在 6 种不同离子液体[Bmim][PF$_6$]、[Bmim][BF$_4$]、[Bmim][Tf$_2$N]、[MeBu$_3$N][Tf$_2$N]、[iMeBuPyrr][Tf$_2$N]和[Bu$_3$MeP][TOS]（图 2-3）的溶解度大小并计算了不同温度下 CO$_2$ 在离子液体中的 Henry 系数（表 2-1），从表中可以看出无论阳离子是何种类型，阴离子为[Tf$_2$N]的离子液体对 CO$_2$ 的吸收能力最强。同时从表 2-1 中也可以看出，不同温度下同种离子液体对 CO$_2$ 的吸收性能随温度升高而降低，说明 CO$_2$ 与离子液体间主要为物理作用[25]。

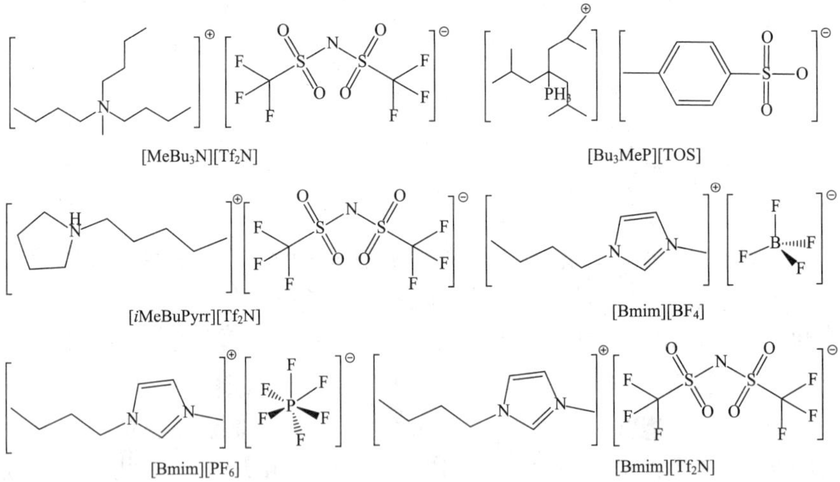

图 2-3 [Bmim][PF$_6$], [Bmim][BF$_4$], [Bmim][Tf$_2$N], [MeBu$_3$N][Tf$_2$N], [iMeBuPyrr][Tf$_2$N]和[Bu$_3$MeP][TOS]的结构示意图

表 2-1 不同温度下 CO$_2$ 在不同离子液体中的 Henry 系数

温度/℃	[Bmim][PF$_6$]	[Bmim][BF$_4$]	[Bmim][Tf$_2$N]	[MeBu$_3$N][Tf$_2$N]	[iMeBuPyrr][Tf$_2$N]	[Bu$_3$MeP][TOS]
10	38.8±0.2	41.8±2.3	25.3±0.3	—	30.2±2.6	—

温度/℃	[Bmim] [PF$_6$]	[Bmim] [BF$_4$]	[Bmim] [Tf$_2$N]	[MeBu$_3$N] [Tf$_2$N]	[iMeBuPyrr] [Tf$_2$N]	[Bu$_3$MeP] [TOS]
25	53.4±0.3	59.0±2.6	33.0±0.3	43.5±0.8	38.6±1.4	—
50	81.3±0.8	88.6±1.9	48.7±0.9	—	56.1±1.0	90.5±1.4

Ramdin 等制备了系列不同的阴离子的咪唑基离子液体并定量研究了 CO_2 在这些离子液体中的溶解度,实验结果表明阴离子种类对 CO_2 吸收性能的影响更为显著,具体为:[NO$_3$] < [SCN] < [MeSO$_4$] < [BF$_4$] < [DCA] < [PF$_6$] < [Tf$_2$N] < [Methide] < [C$_7$F$_{15}$CO$_2$],其中阴离子氟化程度越高,CO_2 在离子液体中的溶解度越大[26]。借助衰减全反射红外光谱(ATR-IR)技术,Kazarian 等[27]分析了富 CO_2 的 [Bmim][PF$_6$]和[Bmim][BF$_4$],他们认为 CO_2 与离子液体中的阴离子之间存在弱 Lewis 酸碱作用,因为 F 原子带有孤电子对可以作为 Lewis 碱给出电子与作为 Lewis 酸的 CO_2 发生相互作用,F 原子越多,相互作用越强[28,29],他们还发现当 CO_2 溶解于[Bmim][PF$_6$]或[Bmim][BF$_4$]时,O=C=O 分子轴向是垂直于 P—F 或 B—F 键的。Kanakubo 等[30]运用 X 射线漫散射技术测得[Bmim][PF$_6$]—CO_2 体系中 CO_2 与[PF$_6$]的距离只有 3.57 Å,说明 CO_2 与阴离子之间的作用是最主要的。此外通过分别计算 CO_2 在阴离子含氟和不含氟的两种离子液体中的 Henry 系数,Pringle 等[31]发现 CO_2 在阴离子中含氟的离子液体中的 Henry 系数为 47bar,明显低于其在不含氟的离子液体中的 Henry 系数(76bar),说明阴离子含氟的离子液体对 CO_2 的吸收性能更好。虽然阴离子是离子液体吸收 CO_2 性能高低的决定性因素,但阳离子也能在一定程度上影响 CO_2 在离子液体中的溶解度。对咪唑类离子液体而言一般认为增加咪唑环上取代烷基的碳链长度有利于提高 CO_2 的吸收量[20]。Chen 等[32]设计了三种不同长度烷基链取代的咪唑基四氟硼酸盐离子液体:1-丁基-3-甲基咪唑四氟硼酸盐[Bmim][BF$_4$],1-己基-3-甲基咪唑四氟硼酸盐[Hmim][BF$_4$]和 1-辛基-3-甲基咪唑四氟硼酸盐[Omim][BF$_4$],通过分析 CO_2 在这三种离子液体中溶解度大小随取代基链长的变化情况,他们发现离子液体对 CO_2 的吸收性能随着咪唑环上取代烷基碳链的长度增加而增大,因为增加咪唑环上取代烷基的碳链长度可以增加离子液体中吸收 CO_2 的自由体积并降低离子液体对 CO_2 的吸收焓[32]。研究表明咪唑环上 C2 位置上的 H 表现出一定的酸性[33],可以与 CO_2 形成氢键作用从而促进离子液体对 CO_2 的吸收。因此 Cadena 等[23]设计合成了咪唑环 C2 位置上的 H 被甲基取代的两种离子液体 1-丁基-2,3-二甲基咪唑六氟磷酸盐 [Bmmim][PF$_6$]和 1-丁基-2,3-二甲基咪唑四氟硼酸盐[Bmmim][BF$_4$],然后考察了这两种离子液体对 CO_2 的吸收性能,结果发现[Bmmim][PF$_6$]和[Bmmim][BF$_4$]对 CO_2 的吸收性能要弱于 C2 位置上的 H 未被取代的[Bmim][PF$_6$]和[Bmim][BF$_4$],而且

CO_2 吸收焓变也降低了，说明 C2 位置上的活性 H 的确能够影响咪唑类离子液体对 CO_2 的吸收。此外，Muldoon 等[34]发现提高咪唑环上取代基的氟化程度也能增加 CO_2 的吸收量。他们通过氟取代[Hmim][Tf$_2$N]和[Omim][Tf$_2$N]中咪唑环上的烷基分别制备了[C$_6$H$_4$F$_9$mim][Tf$_2$N]和[C$_8$H$_4$F$_{13}$mim][Tf$_2$N]，并测得 CO_2 在这几种离子液体中的 Henry 系数依次为 35.0bar、30.0bar、28.4bar 和 27.3bar，结果表明在阳离子上引入 F 原子也能提高 CO_2 在离子液体中的溶解度，这与 Baltus 课题组[35]的研究结果是一致的。不同于 CO_2，Jou 等[36]发现相同条件下[Bmim][PF$_6$]对 H_2S 的吸收性能要远高于其对 CO_2 的吸收量，且吸收量受 H_2S 的平衡分压影响较大。他们认为这是由于 H_2S 中有活性质子使其酸性强于 CO_2，导致离子液体对 H_2S 的亲和性更强。通过分析 H_2S 在不同离子液体中溶解度的实验数据并结合量子化学理论计算结果，Pomelli 等[37]也认为 H_2S 中的质子 H 能够与阴离子发生作用并推测阴离子对 H_2S 的溶解贡献更大。

基于离子液体独特的性质，研究人员在利用离子液体吸收苯系物等挥发性有机物方面也开展了大量工作[38,39]，Quijano 等发现离子液体对挥发性有机物具有很强的亲和力[40]。Atwood 等[41]最先报道了烷基铝阳离子和含卤素阴离子如[AlCl$_4$]$^+$或[BF$_4$]$^-$等组成的离子液体可以与芳香烃形成液相包合物。Holbrey 等[42]认为芳香烃可以在一定程度上破坏有机盐中阴阳离子相互作用，从而使阴阳离子发生分离形成笼形结构容纳芳香烃分子，他们合成了多种 N,N-二烷基取代的咪唑基离子液体并分别考察了苯、甲苯和二甲苯在离子液体中的溶解度，结果发现苯在所有离子液体中的溶解度最高，1mol 离子液体最多可与 3.5mol 苯形成包合物。中子散射结果表明苯分子处于阴阳离子组成的笼形结构中，而且苯分子的π电子与咪唑阳离子上甲基之间存在强相互作用[43]，分子模拟结果证明由于阴离子中的 F 与咪唑阳离子取代烷基上中 H 原子的氢键作用使阴阳离子排列成三维螺旋结构，当苯分子溶于离子液体时则会进入螺旋结构的孔道中，通过π-π作用与两个咪唑环形成"三明治"结构并且每个苯分子的周围有四个甲基，两个来自咪唑阳离子，另外两个来自于相邻的另一条螺旋带[42]。Anthony 等[24]分别测定了苯、CO_2 和 CO 在[Bmim][BF$_4$]中的溶解度，结果表明[Bmim][BF$_4$]中苯具有最高的溶解度。此外他们还计算了不同温度下苯在[Bmim][BF$_4$]中的 Henry 系数，分别为 0.15（10℃）、0.32（20℃）和 0.86（50℃），由此可知[Bmim][BF$_4$]对苯的吸收性能随温度升高而降低，说明苯是通过物理作用溶解在[Bmim][BF$_4$]中的。García 等[44]在不同温度下考察了正庚烷、正己烷、苯、甲苯、二甲苯在 1-乙基-3-甲基咪唑乙基硫酸盐[Emim][C$_2$H$_5$SO$_4$]和 1-丁基-3-甲基咪唑甲基硫酸盐[Bmim][CH$_3$SO$_4$]两种离子液体中的溶解度，结果表明芳香烃在咪唑基离子液体中的溶解度要明显大于脂肪烃，其中苯的溶解度最大，这也与其他课题组所报道的结果一致[45,46]。他们还发现增加咪唑环上取代烷基的碳链长度，可以提高芳香烃在离子液体中的溶解度。因为阳离子体积会随着取代烷基碳链长度的增加而增大，从而削弱了阴阳离子间的库仑力作用，导致阴阳离子排列不再紧密，使得可插入的芳香烃的分子数增多[47]。吴菲[48]借助 COSMO-RS 方法分析了二氯甲烷分子在不同离子液体中的 Henry 系数，结果发现 Henry 系数随着阳离子取代烷基碳链长度的增加而变大，这种变化规律在 Bedia 等[49]的报道中也被证实。阳离子上取代烷基碳链长度增加除了影响阴阳离子间的相互作用外，李晶晶等[50]还发现当增加阳离子上取代烷基的碳原子数量时会导致咪唑环的对称性变差，使阳离子的极化率变大，因而与芳香烃的电子作用增强。此外，增大阴离子体积可以使阴阳离子间的距离变大，削弱阴阳离子间的电子相互作用使其"堆垛"结构不再紧密，从而有利于吸收更多芳香化合物分子。类似地，胡佳静[51]在分析不同咪唑基离子液体中 NH_3 的 Henry 系数时发现当阴离子相同时，NH_3 在离子液体中的溶解度会随着咪唑阳离子取代烷基上碳原子数目的增加而增大。作者认为这是由于取代烷基碳链长度的增加导致离子液体的不对称性增强，使阴阳离子间的作用力变弱，提高了离子液体对 NH_3 分子的亲和力，使 NH_3 的溶解度增大。李志杰[52]发现引入羟基后的离子液体会表现出更高的 NH_3 吸收性能，认为这是由于羟基上的 H 原子与 NH_3 上的 N 原子之间能够形成更强的氢键，使离子液体和 NH_3 之间的相互作用力更高。Letcher 等[53]发现相同条件下，苯在 1-己基-3-甲基咪唑六氟磷酸盐[Hmim][PF_6]中的溶解度要高于其在 1-己基-3-甲基咪唑四氟硼酸盐[Hmim][BF_4]中的溶解度。何保潭[54]运用量子化学理论研究了两种咪唑类离子液体和两种季膦盐型离子液体对甲苯和二甲苯的吸收性能。结果发现两类离子液体对甲苯和二甲苯的吸收均属于物理吸收，相对于二甲苯而言，甲苯在离子液体中的溶解度更大并且季膦型离子液体对甲苯或二甲苯的吸收性能要明显高于咪唑类离子液体。对吸收过程中能量变化的研究结果表明无论哪种阳离子，阴离子为[BF_4]⁻的离子液体吸收甲苯后的能量变化明显大于阴离子为[Tf_2N]⁻的离子液体，说明以[BF_4]⁻为阴离子的离子液体吸收甲苯后更稳定，[Bmim][BF_4] C_7H_8 体系的分子前线轨道结果也证明甲苯与[BF_4]⁻之间存在更强的相互作用。量子化学计算结果表明在这个过程中甲苯可以与咪唑阳离子形成 3 个 C—H···π键，与[BF_4]⁻形成 2 个氢键，使体系趋向稳定。对阳离子为[P_{1114}]⁺的季膦型离子液体而言，甲苯可以与[P_{1114}]⁺阳离子形成 3 个 C—H···π键，与阴离子形成 1 个氢键；当选择[P_{4443}][BF_4]时，甲苯可以与阳离子形成 3 个 C—H···π键，与[BF_4]⁻形成 2 个氢键，这种氢键的成键数量和强度是成键原子之间静电势大小和空间排斥效应的综合结果[48]，进一步的研究表明随着季膦盐阳离子碳链长度的增加，离子液体对苯的吸收性能也随之提高。

　　除了使用离子液体吸收苯系物或挥发性有机物外，还可以依据"相似相溶"原理，选择合适的溶剂如轻柴油、废机油、洗油等非极性矿物油对苯系物进行吸收[55,56]。研究表明这些矿物油类对苯系物的吸收率可以达到 90%以上[57,58]，但由于矿物油类吸收剂具有非可再生、易挥发等特点在实际使用过程中损耗较大导致成本增加，而且还会引发二次污染等问题使这种方法难以推广。水是一种廉价且安全无毒的良好溶剂，但由于苯系物等非极性分子在水中的溶解度过低而不适宜单纯使用水作为吸收剂吸收苯系物。所以研究人员设计了以水为主体并添加表面活性剂的复合吸收剂用于苯系物的吸收[59]。表面活性剂含有亲油和亲水基团，在水溶液表面能够定向排列，亲油基团伸向气相，亲水基团伸向水中。向溶液中加入表面活性剂能够有效降低溶液的表面张力，改善水溶液的乳化性能，使苯系物分子与亲油基团产生作用，当溶液中表面活性剂浓度高于其临界胶束浓度(critical micelle concentration, CMC)时，吸附了苯系物分子的表面活性剂分子就会形成胶束进入水相，同时苯系物分子则是被包裹在胶束中实现对苯系物的吸收[60]。因此，水溶液中加入表面活性剂形成水-表面活性剂体系能够提高苯系物的吸收量。为了进一步提高苯系物吸收量，有研究人员设计了水-表面活性剂-助剂的吸收体系[61]。报道指出向含有表面活性剂的水溶液中加入一定量的助剂可以形成微乳液，产生超低界面张力的水-油界面，增加溶液中胶束数量，从而增强表面活性剂的作用，提高污染物的分散、乳化、溶解。助剂分为无机助剂和有机助剂，其中常用的无机助剂有磷酸盐、硅酸盐和碳酸盐等[62]，有机助剂包括正丁酸、正丁胺和正丁醇等[63,64]。

作为一种结构可设计、组成能调控的绿色溶剂，离子液体对 CO_2，SO_2，H_2S，NH_3 和挥发性有机物等气态污染物具有较强的吸收性能。不过由于离子液体中阴阳离子之间存在着较强的静电、氢键以及其他相互作用使得常温下离子液体的黏度较大，流动性不好，这种特点制约着离子液体在喷剂中的应用。但是研究人员在通过设计其结构组成以获得低黏度离子液体方面已经取得了一些进展，比如合成质子型离子液体[65]，引入金属离子[66-68]或阳离子中引入醚基、烯丙基[69]抑或构建离子液体与水或其他溶剂的多元体系[70,71]等。

2.1.2　雾化凝并

空气中的可吸入颗粒物(PM_{10})和可吸入肺颗粒物($PM_{2.5}$)达到一定浓度时就会严重危害人们的身体健康[72,73]，因此必须对受颗粒物污染的空气进行处理，严格控制颗粒物的浓度。颗粒物受物理或化学作用后，做相对运动时发生碰撞、吸附而形成较大粒径的颗粒物，这个过程即为凝并。雾化凝并[74]是利用液滴捕集颗粒物，降低其浓度的一种净化手段，这种方法捕集颗粒物的机理主要包括惯性碰撞、拦截和布朗扩散三种[75,76](图 2-4)。

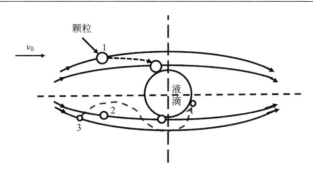

1.惯性碰撞；2.拦截；3.布朗扩散

图 2-4　液滴除颗粒物机理示意图

液体从喷嘴喷出后会以小液滴的形式扩散并在重力作用下逐渐沉降，这样液滴就会与空气中的颗粒物发生相对运动。当质量较大的颗粒物遇到液滴时，由于自身的惯性作用而无法快速改变其运动轨迹绕过液滴，而只能保持原来的运动状态与液滴发生碰撞，从而被捕集(图 2-4，颗粒 1)。Calvert 等[77]提出孤立液滴的惯性碰撞捕集效率 η_{I} 是颗粒物运动的无因次惯性参数斯托克斯准数 K 的函数(式(2-1))，其中斯托克斯准数可以表示为液滴相对气体的速度，颗粒物的直径、密度，气体的黏度以及液滴尺寸的函数关系式[78](式(2-2))。

$$\eta_{\mathrm{I}} = \left(\frac{K}{K+0.7}\right)^2 \tag{2-1}$$

其中，

$$K = \frac{2Cv_0\rho_{\mathrm{P}}d_{\mathrm{P}}^2}{9\mu_{\mathrm{g}}d_{\mathrm{l}}} \tag{2-2}$$

式中，C 为库宁汉(Cunningham)滑动修正系数，

$$C = 1 + \frac{2\lambda}{d_{\mathrm{P}}}\left(1.257 + 0.4\mathrm{e}^{-1.1\frac{d_{\mathrm{P}}}{2\lambda}}\right) \tag{2-3}$$

式(2-2)和式(2-3)中，K 为斯托克斯准数；λ 为气体分子平均自由程(μm)；d_{P} 为颗粒物直径(m)；ρ_{P} 为颗粒物密度(kg/m³)；v_0 为颗粒物与液滴的相对速度(m/s)；μ_{g} 为气体的动力黏度(Pa·s)；d_{l} 为液滴的定性尺寸(对球形液滴而言，即是其直径(m))。

由式(2-1)可以看出，当斯托克斯准数增大时，孤立液滴的碰撞捕集效率也会提高。因此根据式(2-2)，不难看出减小液滴尺寸，提高液滴与颗粒物的相对运动速度，增大颗粒物粒径均能促进液滴对颗粒物的捕集。Wong 等[79]提出了用惯性系数平方根 $\psi^{\frac{1}{2}}$ 去评价惯性碰撞对颗粒物的捕集效率，他们发现当惯性系数的平方根值<1.4 的时候，惯性碰撞捕集效率的实验值与 Landahl 和 Langmuir 等[80,81]

预测的结果能较好地吻合。当惯性系数平方根的数值>1.4 时，惯性碰撞捕集效率的实验值要高于 Langmuir 和 Landahl 等预测的数值，他们的实验结果还证实了理论计算上关于惯性系数平方根的数值为 0.25 时惯性碰撞就不会发生的结论[82,83]。此外，如果只考虑颗粒物的尺寸而不考虑其质量，从图 2-4 也可以看出，当颗粒物沿着流线向液滴运动时，如果液滴表面与流线的距离小于颗粒物的半径，那么颗粒物将会直接与液滴接触而被捕集，这种作用就是液滴对颗粒物的拦截或截留（图 2-4 中的颗粒 2），因此决定能否发生拦截过程的是颗粒物的大小和液滴的尺寸，与颗粒物质量无关，拦截捕集效率 η_R 可以用无量纲的拦截参数 K_R 来表示（如式(2-4)），其中 K_R 与颗粒物大小成正比，与液滴尺寸成反比（如式(2-5)）[84,85]。

$$\eta_R = \left(1 + K_R\right)^2 - \frac{1}{1 + K_R} \tag{2-4}$$

其中，

$$K_R = \frac{d_P}{d_1} \tag{2-5}$$

特别地，当颗粒物直径小到一定程度时便不容易被液滴拦截，而且这类颗粒物的质量也较小，难以通过惯性碰撞作用被捕集。这些微小颗粒物在气流的扰动下与气体分子和其他微粒发生碰撞，做无规则布朗运动。当空气中存在大量液滴时，这些微小颗粒物的布朗扩散增加了其与液滴的碰撞概率，使颗粒物沉积在液滴表面而被捕集（图 2-4 中的颗粒 3）。这些微粒被液滴捕集后使邻近区域的颗粒物浓度降低，其他微粒就会从高浓度区域向液滴周围低浓度区域扩散使空气中整体颗粒物的浓度降低。颗粒物直径越小，温度越高，布朗扩散越强烈[76]。颗粒物由于布朗扩散而被捕集的效率 η_D 取决于液滴绕流雷诺数 Re_D 和颗粒物佩克莱（Peclet）数 Pe，其中液滴绕流雷诺数 Re_D 的定义为

$$Re_D = \frac{\rho_g v_0 d_1}{\mu_g} \tag{2-6}$$

颗粒物佩克莱数 Pe 定义为

$$Pe = \frac{v_0 d_P}{D} \tag{2-7}$$

式中，D 为颗粒扩散系数（m²/s）；Pe 的倒数是表征扩散沉降的特征数。

对于颗粒扩散系数，1908 年爱因斯坦（Einstein）给出的计算公式为[86]

$$D = \frac{RT}{3N\pi d_P \mu_g} \tag{2-8}$$

式中，R 为气体常数，$R = 8.314$ J/(mol·K)；N 为阿伏伽德罗常数，$N = 6.02 \times 10^{23}$；T 为气体热力学温度（K）。1976 年 Crowford[87]推导出单个液滴扩散沉降效率为

$$\eta_{\mathrm{D}} = 4.81 Re_{\mathrm{D}}^{\frac{1}{6}} Pe^{-\frac{2}{3}} \tag{2-9}$$

在实际应用时液滴除尘的过程并不是由某种单一机理所决定的,一般是多种机理联合作用而完成的[75]。因此,总捕集效率定会高于任何一种单独机理的效率,但却不是几种机理捕集效率简单的加和,已经被一种机理捕集过的颗粒物,便不可能被其他机理再次捕集。液滴对颗粒物的总捕集效率可以表示为[88]

$$\eta_{\mathrm{T}} = 1 - (1 - \eta_{\mathrm{I}})(1 - \eta_{\mathrm{R}})(1 - \eta_{\mathrm{D}}) \tag{2-10}$$

或者

$$\eta_{\mathrm{T}} = f(Re_{\mathrm{D}}, Pe, K, K_{\mathrm{R}} \cdots) \tag{2-11}$$

汤梦[89]认为式(2-10)中的各个参数对总捕集效率的作用都是相同的,可以根据其数值大小来判断哪种机理在喷雾除尘过程中占主导地位。如果其中某种参数远大于其他任何一种参数,则可以认为喷雾除尘是由这个参数所代表的机理完成的,如果某个参数的数值<10^{-2},那么这个参数代表的机理对总捕集效率的贡献可以忽略[85]。实际上,喷雾除尘过程中液滴对颗粒物的多种捕集机理不是相互独立的,因此总的捕集效率也可以表示为

$$\eta_{\mathrm{T}} = C_1 \eta_{\mathrm{I}} + C_2 \eta_{\mathrm{R}} + C_3 \eta_{\mathrm{D}} \tag{2-12}$$

式中,$C_i (i=1, 2, 3)$为实验常数,$0 < C_i < 1$。

喷雾除尘是大量液滴共同作用于颗粒物所完成的一个过程,相对于孤立液滴对颗粒物的捕集要复杂得多。而且液滴之间以及液滴和颗粒物之间不可避免地存在着相互作用(如沉积、反弹和返流等),因此对总捕集效率的计算是比较复杂的[90]。张宇琪[88]分析了颗粒物粒径与不同机理捕集效率之间的关系(图 2-5),结果表明在捕集粒径>1 μm 的颗粒物时,惯性碰撞和拦截效应发挥着主要作用;而对于粒径在 0.1~1 μm 范围内的颗粒物,三种机理均未表现出显著的捕集效率,对这类颗粒物的净化需要多种机理共同作用;对粒径<0.1 μm 粒子的捕集,主要依靠布朗扩散作用,且粒子的粒径越小扩散作用越明显。有研究者提出使用分级效率来表示在对应粒径或粒径范围下的捕集效率,即捕集效率与颗粒物粒径之间的关系,其计算公式为[91]

$$\eta(d_{\mathrm{P}}) = 1 - \exp\left[-\frac{2v_{\mathrm{g}} d_1 \rho_1 Q_1}{55 \mu_{\mathrm{g}} Q_{\mathrm{g}}} F(K, f)\right] \tag{2-13}$$

式中,v_{g} 为气体速度(m/s);ρ_1 为液滴密度(kg/m³);Q_1 为液体体积流量(m³/s);Q_{g} 为气体体积流量(m³/s)。其中 $F(K, f)$ 的表达式如下:

$$F(K, f) = \frac{1}{K}\left[-0.7 - Kf + 1.4\ln\left(\frac{Kf + 0.7}{0.7}\right) + \left(\frac{0.49}{Kf + 0.7}\right)\right] \tag{2-14}$$

式中，f是经验因子，代表除碰撞外其他捕集方式所取得效果的参数。

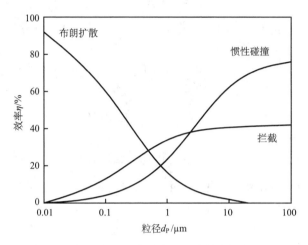

图 2-5　不同机理捕集效率随颗粒物粒径变化图

　　从分级效率的计算公式可以看出，分级效率与颗粒物粒径、气体速度、液体和气体流量（液气比）以及液滴的直径相关。蒋仲安[92]研究发现对分级效率而言液气比和气体速度均存在临界值，临界值以下，分级效率随液气比和气体速度的增加而增大，高于临界值后分级效率基本保持不变；蒋仲安的实验结果还表明无论气体速度和液气比如何变化，粒径<0.2μm 的颗粒物的分级效率都比较低，难以被液滴捕集。当颗粒物粒径在 0.3~10μm 范围内时，分级效率随粒径的增加而急速上升。但是继续增加颗粒物粒径，分级效率却变化不大。刘晓燕[93]采用数值模拟的方法研究了液滴从空气中去除颗粒物的机制和过程并讨论了液滴直径对颗粒物捕集效率的影响，结果表明在液滴直径相同时，捕集效率随粒子直径的增大而逐渐增大；同时捕集效率随着液滴直径的减小而增大，但液滴粒径并不是越小越好，捕集效率和液滴粒径间存在着对应关系[89]。

2.1.3　化学凝并

　　化学凝并指的是利用具有吸附或絮凝作用的化学物质捕集颗粒物的方法，通过物理吸附与化学反应相结合的方式实现细颗粒物团聚形成大颗粒从而被净化处理的目标。化学凝聚剂如树脂、纤维素、黄原胶、多聚糖及其衍生物等[94-96]溶解在水中形成溶液以液滴的形式从喷嘴喷出后与颗粒物发生碰撞从而吸附在颗粒物表面，随着接触时间的延长，凝聚剂在颗粒物表面的吸附逐渐达到平衡状态。宏观上含化学凝聚剂的液滴与颗粒物的碰撞机理根据液滴的粒径大小大致可以分为分配团聚机理和浸没团聚机理[97]。

当液滴尺寸与颗粒物粒径差别不大时，两者碰撞吸附后，液滴就会在颗粒物表面形成液膜润湿颗粒物并促进其团聚形成较大的凝聚体，这些凝聚体又会进一步凝聚形成粒径更大的团聚体，随着润湿长大过程的不断进行，颗粒物便会持续团聚。这个过程中，液滴对颗粒物的润湿作用不仅能促进颗粒物间相互吸附，还能有效降低颗粒物碰撞后发生的回弹、返流概率[98]。分配团聚过程如图 2-6 所示。

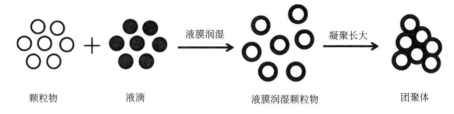

颗粒物　　　　　液滴　　　　　　　液膜润湿颗粒物　　　　团聚体

图 2-6　分配团聚过程示意图

当液滴尺寸远大于颗粒物粒径时，颗粒物与液滴碰撞后，由于颗粒物粒径较小先进入液滴内部，随后其他颗粒物逐渐在液滴表面聚集，依靠液滴之间的碰撞、吸附作用以及化学凝聚剂的作用进一步团聚长大形成粒径较大的团聚体[99]，这个过程即为液滴对颗粒物的浸没，如图 2-7 所示。

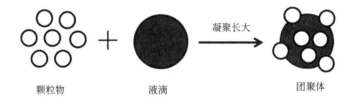

颗粒物　　　　　　　液滴　　　　　　　　团聚体

图 2-7　浸没团聚过程示意图

化学凝并过程中，颗粒物在分配团聚和浸没团聚作用下不断凝聚长大成粒径更大的颗粒物，从而沉降脱除。一般认为液滴直径较小，凝聚剂溶液黏度较低时，分配团聚机理占主导地位；液滴直径较大，凝聚剂溶液黏度较高时，浸没团聚机理则发挥主要作用。实际情况下，很难准确区分团聚物是在哪种作用主导下形成的，通常认为两种机理在颗粒物团聚过程中均起到了一定的作用。

微观上化学凝并过程中颗粒物与液滴碰撞吸附后发生的团聚主要是在双电层压缩、吸附和桥连等作用下彼此靠近发生碰撞形成粒径较大的絮凝颗粒物，从而在重力作用下发生沉降。在化学凝并过程中，不仅颗粒物之间会发生碰撞产生吸附作用，含有化学凝聚剂的液滴也会与颗粒物发生碰撞产生吸附作用，从而增强了颗粒物的凝并效果。

当化学凝聚剂为溶解度较大的离子型聚合物时，其吸附在颗粒物表面使反离子浓度急剧增加与扩散层中原有反离子之间的静电斥力将部分原有反离子挤压进入吸附层中，导致扩散层厚度减薄。扩散层减薄使颗粒物间碰撞距离变短，相互间的静电斥力减小，Zeta 电位降低。根据 DLVO 理论，如果 Zeta 电位降低到一定程度，颗粒物就能被第二最小值的吸引力所吸引，产生凝聚体。当大量反离子进入吸附层以致扩散层完全消失，颗粒物表面不再带电处于等电点时，颗粒物间的任何一次碰撞都可能产生凝聚[100]。

吸附作用指凝聚剂溶液中带不同电荷的离子吸附在颗粒物表面，产生化学结合、表面络合等作用，中和了颗粒物表面的电荷，使 Zeta 电位降低，当颗粒物间的范德瓦耳斯作用达到第一最小引力值时，颗粒物就会凝聚成大颗粒[93]。

化学凝聚剂为聚合物时，高分子链可以将多个颗粒物连接在一起形成类似于"项链"一样的结构，使颗粒物凝聚成粒径较大的颗粒。这种桥接作用主要依赖于以下几种机理：①凝聚剂溶液中含有大量荷电粒子，压缩了双电层，降低了颗粒物的 Zeta 电位，使颗粒物通过静电作用相互吸引形成大颗粒；②凝聚剂分子链中的羟基基团在水溶液中通过氢键与颗粒物发生作用，实现颗粒物的凝并；③凝聚剂分子链中存在能够与颗粒物表面物种形成配位键或共价键的活性官能团，实现了对颗粒物的特异性吸附，使颗粒物团聚长大[93]。

2.2　化　学　吸　收

利用吸收液中的活性组分与空气中污染物分子发生化学反应，实现降低或消除污染、净化空气目标的方法称为化学吸收法，化学吸收法所涉及的反应包括中和反应、络合反应、氧化还原反应、亲核加成和亲核取代反应、催化氧化反应等。从吸收过程来看，化学吸收历程与物理吸收类似，包括污染物从气相向气液界面转移，在界面处溶解以及从界面到液相的传递过程。不同的是，由于发生了化学反应将污染物分子转变为其他无污染物质，降低了污染物在液相中的浓度，增大了污染物分子从气相向液相的传质动力，提高了吸收剂对污染物的吸收能力和吸收速率。此外，化学吸收还具有高度选择性，可以根据不同污染物分子的化学性质设计特异性的活性组分使反应趋向彻底，提高空气的净化程度。

2.2.1　中和反应

空气中的一些污染物如 CO_2、SO_2、H_2S 和 NO_2 在水溶液中表现出酸性，NH_3 溶于水中后显碱性，因此可以根据污染物在水溶液中不同的酸碱性来选择合适的试剂与之反应，实现对污染物的吸收。

对于 CO_2、SO_2、H_2S 和 NO_2 这类酸性气体而言，氨基化合物是一类使用较广的碱性吸收剂。醇胺溶液吸收 CO_2 是目前应用最成熟的技术，用脂肪醇取代氨分子上的氢原子即得到醇胺，引入羟基后不仅可以增加其亲水性，提高醇胺在水中的溶解度，还可以降低化合物的蒸气压，削弱其挥发性，避免二次污染。根据脂肪醇取代的个数，可以把醇胺分为伯醇胺、仲醇胺和叔醇胺三种，代表性化合物分别为一乙醇胺(MEA)、二乙醇胺(DEA)、甲基二乙醇胺(MDEA)或三乙醇胺(TEA)。Danckwerts 和 McNeil 研究了 CO_2 分子在醇胺溶液中的吸收过程，他们认为 CO_2 分子在气液界面处会与醇胺分子反应生成氨基甲酸根离子，该反应过程中醇胺的消耗速率高于其从液相迁移到气液界面的速率；氨基甲酸根离子扩散至溶液中后会继续与醇胺、氢氧根离子或水发生脱质子反应使吸收剂再生，这个过程中的传质速率要显著低于反应速率。基于这两个过程，作者认为醇胺分子和氨基甲酸根离子在气液界面和液相中的往来迁移扩散形成了"穿梭"状态，促进了 CO_2 由气相到液相的传质过程，提高了醇胺溶液对 CO_2 的吸收速率[101,102]。Caplow 和 Danckwerts 认为伯醇胺和仲醇胺这类有活泼氢的化合物可以与 CO_2 直接反应生成稳定的氨基甲酸盐，具体反应过程为伯醇胺或仲醇胺溶液首先与 CO_2 反应生成两性离子中间产物，然后中间产物与溶液中其他醇胺分子、氢氧根离子或水分子发生脱质子反应生成氨基甲酸盐[103-105]。

(1)伯醇胺或仲醇胺与 CO_2 反应生成两性离子

$$R_1R_2NH + CO_2 \longrightarrow R_1R_2NH^+COO^- \tag{2-15}$$

(2)两性离子发生脱质子反应

$$R_1R_2NH^+COO^- + OH^- \longrightarrow R_1R_2NCOO^- + H_2O \tag{2-16}$$

$$R_1R_2NH^+COO^- + H_2O \longrightarrow R_1R_2NCOO^- + H_3O^+ \tag{2-17}$$

$$R_1R_2NH^+COO^- + R_1R_2NH \longrightarrow R_1R_2NCOO^- + R_1R_2NH_2^+ \tag{2-18}$$

Versteeg 和 Laddha 等[106,107]认为醇胺溶液中 OH^- 的浓度过低并且水分子结合质子的能力较弱，可以忽略 OH^- 和水分子所参与的脱质子反应。因此，伯醇胺或仲醇胺吸收 CO_2 的总的反应式可以表示为

$$CO_2 + 2R_1R_2NH \longrightarrow R_1R_2NCOO^- + R_1R_2NH_2^+ \tag{2-19}$$

从上述总反应式可以看出，每摩尔醇胺可与 0.5mol CO_2 反应分别生成 0.5mol 氨基甲酸盐和 0.5mol 质子化的胺。但实际过程中每摩尔醇胺的 CO_2 吸收容量要略>0.5mol，这是由于氨基甲酸根离子可能会水解形成游离醇胺[101]。

虽然这种"两性离子"机理可以很好地解释伯醇胺和仲醇胺对 CO_2 的吸收行为，但也有研究者提出了不同看法。Crooks 等[108]计算了醇胺水溶液吸收 CO_2 过程中的动力学和热力学参数，他们发现当醇胺浓度较高时，反应速率与醇胺浓度

的平方成正比；当醇胺浓度较低时，反应速率与醇胺浓度的一次方成正比[109]。作者认为 CO_2 与醇胺分子反应生成的不是两性离子中间产物，而是一种三分子化合物(图 2-8)，这种化合物是 CO_2 分子、醇胺分子与 B 分子(醇胺分子或水分子)通过一步碰撞而形成的，但这种物质的寿命极短绝大部分会立即分解，仅有少部分会继续与醇胺或水分子反应生成离子化合物，成键和电荷转移过程只发生这一步反应。事实上作者也认为这种"三分子化合物"机理是"两性离子"机理的一种极端情况，当 CO_2 与醇胺反应生成两性离子的逆反应速率远大于两性离子化合物去质子化反应速率时，醇胺溶液对 CO_2 的吸收即符合"三分子化合物"机理。

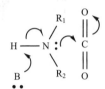

图 2-8 三分子化合物结构示意图

不同于伯醇胺和仲醇胺，叔醇胺的氮原子上没有活泼氢，不能直接与 CO_2 发生反应生成氨基甲酸盐，这个过程需要水的参与。Versteeg 等[110]的实验结果表明水在 TEA 吸收 CO_2 过程中发挥着重要作用，Donaldson 等[111]提出了碱催化理论，他们认为叔醇胺分子扮演着类似催化剂的角色，溶液中游离的叔醇胺分子与水分子形成氢键活化了 O—H 键，使水分子与 CO_2 反应的活性增强，促进 CO_2 在溶液中的水化作用[112]，作者发现当溶液 pH < 9 时，CO_2 与 OH^- 的反应是无法发生的。

Jorgensen 和 Faurholt 的实验结果表明，OH^- 存在条件下叔醇胺(如三乙醇胺)可以与 CO_2 发生下列反应：

$$N(CH_2CH_2OH)_2CH_2CH_2OH + OH^- \longrightarrow N(CH_2CH_2OH)_2CH_2CH_2O^- + H_2O$$

$$N(CH_2CH_2OH)_2CH_2CH_2O^- + CO_2 \longrightarrow N(CH_2CH_2OH)_2CH_2CH_2OCOO^-$$

(2-20)

综上所述，叔醇胺水溶液吸收 CO_2 的总反应方程可以表示为

$$N(CH_2CH_2OH)_2CH_2CH_2OH + OH^- + CO_2$$
$$\longrightarrow N(CH_2CH_2OH)_2CH_2CH_2OCOO^- + H_2O$$

(2-21)

由总反应式可以知道，每摩尔叔醇胺可以定量吸收 1mol CO_2 分子，但由于决速步叔醇胺分子与水的反应速度较慢，叔醇胺溶液吸收 CO_2 的速率受到很大限制，Dnaldson 等[111]发现提高叔醇胺分子的浓度可以增强其与水分子之间的相互作用，提高 CO_2 的水化作用。此外，陈赓良[113]指出在溶液中加入添加剂，如消泡剂或缓蚀剂等物质也能提高叔醇胺溶液对 CO_2 的吸收速率。

Astarita 等[114]指出无论哪种反应机理，都可以认为是一个过程中的几种极端情况或者理解为同一个吸收过程中不同的平行反应，哪种反应更接近于真实情况就采用哪种机理去解释，而且通常是任何一种机理都很难准确描述这一吸收过程，需要综合考虑。虽然伯醇胺和仲醇胺吸收 CO_2 速度较快，但由于反应生成的氨基甲酸盐稳定性好，导致吸收剂再生能耗较高而且伯醇胺和仲醇胺的 CO_2 吸收容量也不高；叔醇胺具有较高的吸收容量且再生性能好，但吸收速率较低，因此无论使用哪种吸收剂都存在一定的不足。针对这种情况，研究人员设想通过降低氨基甲酸盐的稳定性或使用混合胺溶液来实现醇胺溶液吸收 CO_2 性能的最优化[115]。空间位阻胺是指 N 原子上带有一个或多个具有空间位阻结构取代基团的醇胺化合物，利用取代基的空间位阻效应可以使氮原子从不同位置与 CO_2 反应，改变反应进程，实现醇胺对 CO_2 吸收容量的最大化。同时空间位阻基团的存在也会削弱 CO_2 与胺的键合强度，降低产物氨基甲酸盐的稳定性，进而有利于 CO_2 的解吸，使吸收剂再生过程中的能耗得以大幅降低[116]。目前报道较多的空间位阻胺是 2-氨基-2-甲基-1-丙醇（AMP）[117]，Bosch 等[118]推测 AMP 吸收 CO_2 的机理与伯醇胺和仲醇胺类似，也要经过两性离子中间产物这一步。不同的是，Chakraborty 等[119]却发现 AMP 水溶液吸收 CO_2 达到平衡时的质子化常数较大，大到可以忽略碳酸盐的生成，同时他们测得氨基甲酸盐稳定常数低于 0.1，因此作者认为 AMP 溶液吸收 CO_2 的实质是 CO_2 与氢氧根离子的反应，类似于叔醇胺溶液。通过向 AMP 溶液中加入哌嗪（PZ）形成混合溶液，Sukanta 等[120]发现 AMP 对 CO_2 的吸收速率得到了明显提高，Samanta 和 Bishnoi 等[121,122]研究认为混合溶液与 CO_2 的反应不仅仅是两个独立反应的简单叠加，它们之间可能存在相互促进或抑制作用。徐寅[123]的实验结果表明 PZ 不仅可以与 CO_2 反应生成两性离子，而且还能参与质子转移反应，同时这两个反应的活化能均低于两性离子的分解活化能，因此作者认为 PZ 的加入可以降低两性离子生成过程中的活化能，进而增强混合溶剂对 CO_2 的吸收性能。

醇胺溶液也表现出较高的 SO_2 吸收性能，其中伯醇胺和仲醇胺对 SO_2 的吸收也符合"两性离子"机理，首先 SO_2 与伯醇胺或仲醇胺反应生成两性离子：

$$R_1R_2NH + SO_2 \longrightarrow R_1R_2NH^+ SOO^- \tag{2-22}$$

然后两性离子与溶液中的碱催化剂（醇胺、水或氢氧根离子）发生脱质子反应。

叔醇胺对 SO_2 的吸收可以用下面的反应式表示，以 N-甲基二乙醇胺为例，R'位–CH_2CH_2OH：

$$R'R'CH_3N + SO_2 + H_2O \longrightarrow R'R'CH_3NH^+ HSO_3^- \tag{2-23}$$

由于叔醇胺对 SO_2 的吸收速率较慢，因此研究者多采用混合醇胺溶液吸收 SO_2，通过向叔醇胺溶液中加入少量伯醇胺或仲醇胺作为活性剂提高混合醇胺溶

液吸收 SO_2 的速度和容量。研究表明活性剂的加入起到了传递 SO_2 的作用，改变了叔醇胺溶液吸收 SO_2 的历程，活性剂在气液界面与 SO_2 发生反应，然后随着产物的扩散从而将 SO_2 传递到了液相与叔醇胺反应，同时活性剂得以再生[124]：

$$R_1R_2NH + SO_2 \longrightarrow R_1R_2NSOOH \tag{2-24}$$

$$R_1R_2NSOOH + R_3R_4R_5N + H_2O \longrightarrow R_1R_2NH + R_3R_4R_5NH^+HSO_3^- \tag{2-25}$$

Cansolv SO_2 脱除法[125]使用二胺作为吸收剂，其中一个胺基碱性很强与 SO_2 反应生成盐后便无法通过加热而再生。因此二胺吸收剂需要先经过一步质子化过程生成贫胺吸收剂，利用另一个胺基吸收 SO_2：

$$R_1R_2N\text{-}R_3\text{-}NR_4R_5 + HX \longrightarrow R_1R_2NH^+\text{-}R_3\text{-}NR_4R_5 + X^- \tag{2-26}$$

$$R_1R_2NH^+\text{-}R_3\text{-}NR_4R_5 + SO_2 + H_2O \longrightarrow R_1R_2NH^+\text{-}R_3\text{-}NH^+R_4R_5 + HSO_3^- \tag{2-27}$$

值得注意的是虽然阴离子 X^- 并未参与反应，但其性质也会影响二胺溶液对 SO_2 的吸收性能。研究表明如果阴离子为弱酸根离子，则其会与溶液中的质子反应生成弱酸，从而增加溶液对 SO_2 的吸收性能；反之，若 X^- 为强酸根阴离子且浓度积累到一定时，就会中和质子胺上的第二个胺基，降低溶液对 SO_2 的吸收性能。

柠檬酸钠法[126]也是一种吸收 SO_2 的有效手段，其原理是以柠檬酸和柠檬酸钠组成的缓冲溶液为吸收剂，当 SO_2 溶于水后电离产生质子，这时溶液中柠檬酸根离子就会与质子结合，促进 SO_2 溶解平衡向右移动从而有利于缓冲溶液大量吸收 SO_2。

碱式硫酸铝溶液也是一种常见的吸收 SO_2 的介质，SO_2 被水吸收后电离产生质子，然后与溶液中的碱式硫酸铝发生中和反应，从而促进电离平衡向右移动，增强了 SO_2 从气相进入液相的传质动力，有利于碱式硫酸铝溶液对 SO_2 的吸收[127,128]。

实验表明除了 CO_2 和 SO_2，醇胺溶液对 H_2S 也具有较好的吸收性能[129,130]，而且混合醇胺溶液对 H_2S 的吸收性能要优于单组分溶液[132,133]。Lu 等[134]研究表明可以用质子转移机理来解释醇胺溶液对 H_2S 的吸收。H_2S 溶于水并发生一级解离得到质子，随后发生醇胺质子化反应[135]。需要指出的是伯醇胺、仲醇胺和叔醇胺吸收 H_2S 反应机理是一样的，由于醇胺中 N 原子上有孤电子对，是 Lewis 碱，能够结合 H_2S 电离产生的质子，使 H_2S 的电离平衡向右移动，从而促进溶液对 H_2S 的吸收。

氮氧化物也是一类常见的酸性污染气体，主要由 NO_2 和 NO 组成，其中 NO 约占 90%[136]，但 NO 在水中的溶解度很低也不与水发生反应，通常需要先将 NO

氧化成 NO_2。NO_2 溶于水生成酸,因此可以用碱性溶液吸收 NO_2,反应生成硝酸盐和亚硝酸盐,常见的碱性溶液包括碱金属或碱土金属的氢氧化物,氨水以及弱酸盐等[137,138],但是这些化合物在使用过程中也存在一些问题,虽然这些碱性化合物对 NO_2 的吸收性能较好,但这些吸收剂自身具有比较强的腐蚀性或挥发性,容易造成二次污染,并且反应生成的铵盐或硝酸盐是一类化学性质较活泼的化合物,在一定条件下会分解甚至发生爆炸,此外反应产物亚硝酸盐也具有致癌性,因此使用碱液吸收 NO_2 不是最优选择。类似地,氨的化学吸收是利用了 NH_3 的碱性与酸性物质发生中和反应生成铵盐,但是酸性吸收剂通常挥发性大,腐蚀性强,易造成二次污染,并且反应生成的铵盐性质不够稳定,在一定温度或 pH 值条件下会分解,因此用化学方法直接吸收 NH_3 也是需要改进的,如利用离子液体的低蒸气压、无挥发性的特点将酸性官能团引入到离子液体中[139]。

2.2.2　络合反应

含有孤对电子或π键的分子或离子与具有空轨道的原子或离子结合的过程就叫络合反应。含有孤对电子或π键的分子或离子也被称为电子给体,具有空轨道的原子或离子被称为电子受体,二者发生络合反应的产物称为络合物。早在 1827 年哥本哈根大学教授 Zeise 就报道了第一个烯烃和过渡金属络合物 $K[Pt(C_2H_4)Cl_3]·H_2O$[140],随后 Dewar[141,142]以银离子-乙烯络合物体系为研究对象,借助分子轨道理论解释了这种络合物的形成原因,他们认为金属的原子轨道和烯烃的杂化轨道之间的相互作用是金属-烯烃络合物可以稳定存在的原因。Chatt 和 Duncanson[143,144]在 Dewar 基础上进一步研究了 Pt(Ⅱ) 以及铂(Ⅱ)-烯烃络合物,建立了 Dewar-Chatt-Duncanson 模型(图 2-9),解释了金属-烯烃络合物的形成过程。

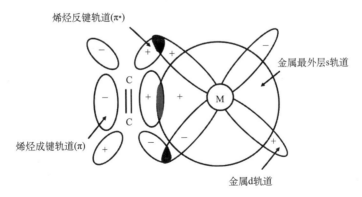

图 2-9　Dewar-Chatt-Duncanson 模型

他们认为这种金属离子-烯烃络合物本质上是一种π络合物,金属离子和烯烃通过双重作用结合在一起。金属原子失去了最外层 s 轨道上的电子后成为金属离子，而且金属离子化合物的阴离子通常由电负性较大的原子构成，如氯离子，硝酸根离子和氟硼酸根离子等，这些离子的拉电子效应也会使金属原子最外层 s 轨道上电荷密度进一步降低，氟硼酸根的拉电子效应最显著，有利于金属离子和烯烃发生相互作用[145]。当烯烃分子的成键轨道(π轨道)与金属空 s 轨道部分重叠时，就形成了新的σ键(图 2-9 中灰色部分)；虽然失去了最外层 s 轨道中的电子，但金属次外层 d 轨道中是充满电子的，充满电子的金属次外层 d 轨道与烯烃反键轨道部分重叠时，金属 d 轨道会反馈电子到烯烃的反键轨道上，形成 d-π*反馈键(图 2-9 黑色部分)，过渡金属π络合物的研究主要还是围绕 Cu^+ 和 Ag^+ 展开的。

1996 年 Yang 和 Chen 利用自然键轨道(natural bond orbital, NBO)方法从自然原子轨道(natural atom orbital, NAO)出发计算了乙烯分子与银离子化合物形成π络合物前后碳原子和银原子外层电子分布情况(表 2-2)，并计算了π络合物中银原子外层电子在不同轨道上占有率的变化(表 2-3)[146]。

表 2-2　碳原子和银原子外层电子 NAO 占有率

	C				Ag					
	$2p_x$	$2p_y$	$2p_z$	$\Sigma 2p$	$5s$	$4d_{xy}$	$4d_{xz}$	$4d_{yz}$	$4d_{x^2-y^2}$	$4d_{z^2}$
C_2H_4	0.9977	1.2216	1.1578	3.3771						
AgI					0.1947	2.0000	1.9991	1.9991	2.0000	1.9846
AgCl					0.1223	2.0000	1.9986	1.9986	2.0000	1.9817
AgF					0.1551	2.0000	1.9966	1.9966	2.0000	1.9615
C_2H_4-AgI	0.9735	1.2567	1.1591	3.3893	0.3038	1.9999	1.9987	1.9808	1.9997	1.9627
C_2H_4-AgCl	0.9747	1.2576	1.1590	3.3913	0.2427	1.9999	1.9982	1.9781	1.9997	1.9559
C_2H_4-AgF	0.9824	1.2573	1.1587	3.3984	0.2820	1.9999	1.9963	1.9675	1.9996	1.9194

表 2-3　π络合物中银原子外层电子占有率变化

	Ag							
	$5s$	$4d_{xy}$	$4d_{xz}$	$4d_{yz}$	$4d_{x^2-y^2}$	$4d_{z^2}$	$\Sigma 4d$	$\Sigma(5s+4d)$
C_2H_4-AgI	0.1091	-0.0001	-0.0004	-0.0183	-0.0003	-0.0219	-0.0410	0.0681
C_2H_4-AgCl	0.1204	-0.0001	-0.0004	-0.0205	-0.0003	-0.0258	-0.0470	0.0734
C_2H_4-AgF	0.1269	-0.0001	-0.0003	-0.0291	-0.0004	-0.0421	-0.0450	0.0819

从表 2-2 可以看出，形成π络合物后 Ag 的 5s 轨道上电子占有率是显著增加的，这是由于乙烯分子中碳原子 2p 轨道上的电子与 Ag 的 5s 轨道形成了σ给予键；但形成π络合物后 Ag 的 4d 轨道上的电子占有率却出现了降低，这源于 Ag 的 4d 轨道上的 d 电子反馈到乙烯分子反键轨道的 d-π*作用。

表 2-3 的数据表明，形成π络合物后 Ag 的 5s 轨道上电子占有率是净增加的，说明乙烯分子的π电子向 Ag 的 5s 轨道上的传递数量高于 Ag 的 4d 轨道上电子向乙烯分子反键轨道上的反馈数量，因此对 Ag 原子而言，电子呈现净流入。同时计算结果也说明σ给予键的作用强于 d–π*反馈作用，在π络合物的形成过程中，σ给予键的贡献更大[147]。不同卤素阴离子组成的 Ag 离子化合物中，氟化银与乙烯形成π络合物的 5s 轨道上电子占有率增量是最高的，这是由于氟原子的电负性最强，拉电子效应最显著，对 Ag 的 5s 轨道电荷密度的影响最大，提高了乙烯分子中π电子传递到 Ag 5s 轨道的动力。基于上述计算结果，Yang 等认为乙烯分子与银离子形成络合物的电子相互作用可以用下图来表示(图 2-10)。

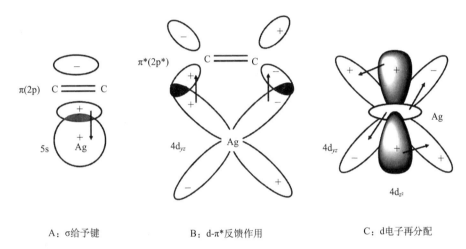

A：σ给予键   B：d-π*反馈作用   C：d电子再分配

图 2-10　C_2H_4–Ag 形成π络合物电子相互作用示意图

(A)乙烯分子中π电子传递到Ag的5s轨道形成σ给予键；(B) Ag的$4d_{yz}$轨道上电子反馈到乙烯分子的反键轨道(π^*)；
(C) Ag 的 $4d_{z^2}$ 轨道到 $4d_{yz}$ 轨道的电子再分配

通过对表 2-2 中 Ag 的 4d 轨道电子占有率的分析可以看出，不同轨道上电子占有率变化数表现出较大的区别，其中 $4d_{xy}$，$4d_{xz}$ 和 $4d_{x^2-y^2}$ 轨道上电子占有率基本未变，变化主要发生在 $4d_{yz}$ 和 $4d_{z^2}$ 两个轨道上，出现了明显降低。这是由于 Ag 的 $4d_{yz}$ 轨道和乙烯分子的反键轨道($2p^*$)能够最大程度重叠(图 2-10B)，但 $4d_{yz}$ 轨道上电子占有率的急剧减少是不利于络合物的稳定的，因此需要从其他轨道得到电子作为补充。Ag 的其他 4d 轨道中 $4d_{xy}$，$4d_{xz}$ 和 $4d_{x^2-y^2}$ 与 $4d_{yz}$ 轨道正交，不能与其有效重叠，无法实现电子的传递；只有 $4d_{z^2}$ 轨道位于 $4d_{yz}$ 轨道相邻的位置，是唯一能与其交叠的轨道，这种交叠实现了电子在 $4d_{yz}$ 和 $4d_{z^2}$ 两个轨道上的重新分配(图 2-10 C)，避免了由于 d–π*反馈作用造成 $4d_{yz}$ 轨道电子占有率的显著降低。对于金属镍或钯而言，电子重新分配则是发生在最外层 s 轨道和 $4d_{yz}$ 轨道之间，因为镍或钯外层 s 轨道与 $4d_{yz}$ 轨道的能级是最匹配的，这也是 Ni 或 Pd 在形成π络合物时外层 s 轨道电子占有率降低的原因[148]。

除了烯烃，其他含π电子或孤电子对的分子，如 CO，NO，苯、甲苯等芳香化合物都能与过渡金属离子形成络合物。Huang 和 Yang 等[149,150]比较了 Cu^+ 和 Ag^+ 通过形成π络合物键吸收 CO 或烯烃性能的强弱。通过计算金属原子外层 s 轨道和 d 轨道总的电子占有率变化，他们发现铜盐与 CO 或烯烃形成络合物时反馈键贡献最大，因此π络合键的强度取决于金属 d 轨道与烯烃反键轨道的重叠程度；而 Ag^+ 与这些分子形成络合物过程中，π电子从 2p 轨道向 Ag 的 5s 轨道传递才是最主要的，因此σ给予键的强度决定了 Ag 与 CO 或烯烃之间的相互作用。此外，Cu^+ 和 Ag^+ 两种不同离子与同种分子形成络合物过程中外层轨道电子占有率变化数据表明 Cu^+ 与 CO 或烯烃间的结合能力更强，形成的络合物更稳定。

Takahashi 等[151]研究了芳香烃与金属之间的络合作用，结果发现金属与苯之间形成的络合键类似于金属-烯烃体系，苯分子中每个碳原子有一个 p 轨道和三个 sp^2 杂化轨道，六个 p 轨道形成共轭的π键，p 轨道与金属空的 s 轨道重叠形成σ给予键，金属 d 轨道反馈电子到苯的反键轨道形成 d-π*反馈键。自然键轨道方法计算结果表明金属-苯作用体系中外层 d 轨道电子占有率均有所降低，证实了 d-π*反馈键的存在，进一步的研究结果表明对苯分子而言σ给予键对π络合键的贡献大于反馈键。

NO 是一种极难溶于水也难以与酸或碱反应的污染气体，普通的溶液很难有效吸收 NO。NO 分子中的 N 原子以 sp 杂化方式与 O 原子成键，构成一个σ键，一个π键和一个三电子π键[152]，同时 N 原子和 O 原子上各有一对未成对电子，因此研究人员提出了利用过渡金属与 NO 形成π络合物的方法来吸收 NO[153]，吸收产物为金属亚硝酰化合物。NO 可以给出 N 原子上的孤对电子到金属原子的空的 s 轨道上形成σ给予键，同时 NO 分子中空的反键轨道又可以和过渡金属原子或离子的 d 轨道重叠形成 d-π*反馈键[154]。通常 NO 会和其他配体分子一起与金属原子或离子形成络合物，其他配体分子主要有乙二胺四乙酸(EDTA)、次氮基三乙酸(NTA)等氨基羧酸盐、NH_3、巯基化合物、乙二胺(en)、乙酰丙酮、苯甲酸盐和丁二肟等。NO 与金属原子或离子形成络合物的过程中，金属原子或离子与 NO 的键合方式有三种：第一种是直线型的端基 M-N-O 基团；第二种是弯曲的端基 M-N-O 基团；第三种是桥连的 NO 基团[153]，这种金属亚硝酰化合物的稳定性由过渡金属的原子半径、氧化态以及配体轨道对称性等因素决定。目前研究较多的 NO 络合吸收剂主要为亚铁离子络合剂和钴基络合剂。

亚铁离子络合剂根据亚铁络合剂中配体种类的不同，可以将亚铁离子络合剂大致分为氨基羧酸盐类络合剂和巯基类络合剂。无论亚铁离子络合剂中的配位数是几个，在亚铁离子四周的配位点上总是可以络合一个相当活跃的水分子，使亚铁离子络合剂在动力学上非常不稳定，从而可以迅速吸收 NO[155]。氨基羧酸盐配体的组成中包含 N、P、O 等具有孤电子对的原子，可以作为电子给体与亚铁离子形成配合物，进而与 NO 反应生成混配络合物。氨基羧酸类亚铁络合剂 $Fe^{II}(L)$ 吸收 NO 可用下面的反应式来表示[156,157]：

$$NO\ (g) \longleftrightarrow NO\ (aq) \tag{2-28}$$

$$Fe^{II}(L)\ +\ NO\ (aq) \longleftrightarrow Fe^{II}(L)(NO) \tag{2-29}$$

虽然氨基羧酸盐类亚铁离子络合剂对 NO 的吸收速度快，吸收容量高，但亚铁离子极易被氧化，而且当被氧化成三价铁离子络合剂后就会失去对 NO 的吸收能力，氧化过程可以用下列反应式表示[158]：

$$Fe^{II}(L)^{n-}\ +\ O_2 \longleftrightarrow Fe^{II}O_2(L)^{n-} \tag{2-30}$$

$$Fe^{II}O_2(L)^{n-} \longleftrightarrow Fe^{III}(L)^{n-}\ +\ O_2^- \tag{2-31}$$

He 等认为亚铁离子络合剂的氧化过程为[159]

$$4Fe^{II}(L)^{2-}+\ O_2\ +\ 2H_2O \longleftrightarrow 4Fe^{III}(L)^-\ +\ 4OH^- \tag{2-32}$$

Chang 和 Shi 等[160,161]发现巯基类亚铁络合剂 $Fe^{II}(RS)_2$ 具有较好的抗氧化性能，这是由于巯基类配体自身具有一定的还原能力，能够抑制亚铁离子的氧化。已报道的巯基类配体包括半胱氨酸(Cys)，N-乙酰基半胱氨酸(AcCys)，青霉胺(Penicillamine)，N-乙酰基青霉胺(AcPen)，谷胱甘肽(GSH)和半胱氨酸氨基乙酸(Cys-Gly)等，Chang 等的实验结果也表明巯基类亚铁络合剂也具有较高的 NO 吸收速率(式 2-33)，对 NO 的吸收效率可以达到 60%以上。

$$Fe^{II}(RS)_2\ +\ NO \longleftrightarrow Fe^{II}(RS)_2(NO) \tag{2-33}$$

$$2Fe^{II}(RS)_2(NO)\ +\ 2RSH \longleftrightarrow 2Fe^{II}(RS)_2\ +RSSR\ +\ N_2O\ +\ H_2O \tag{2-34}$$

虽然巯基类化合物(RSH)能直接将半胱氨酸、N-乙酰基半胱氨酸和谷胱甘肽等巯基类亚铁络合剂吸收的 NO 还原为 N_2O(式(2-34))，但是巯基类亚铁络合剂也存在明显的缺陷：巯基类亚铁络合剂通常需要在碱性条件下才能获得较好的 NO 吸收性能，而且在吸收 NO 的过程中，巯基化合物配体会不断被氧化，需要及时还原或补充，另外虽然半胱氨酸和青霉胺能够直接还原 NO，但相应配体的消耗量也较大[162]。

不同于亚铁离子，由于 Co^{2+} 和 Co^{3+} 络合剂都能与 NO 形成混配络合物，避免了过渡金属离子被氧化而引起的 NO 吸收性能降低或络合吸收剂失活等问题，因此，钴基络合剂也成为了研究人员的考察目标[163-165]。钴基络合剂中所使用的配体包括氨，乙二胺，乙酰丙酮，苯甲酸盐和丁二肟及其衍生物等，钴基络合吸收剂一般按照 1∶1 的摩尔比定量络合 NO，形成亚硝酰合钴络合物。钴基络合剂吸收 NO 的反应机理与氧气浓度密切相关，有氧和无氧条件下的反应路径具有明显差异。在无氧条件下 NO 被还原，反应产物为 NH_3 或 NH_2OH；当 NO 过量时则会发生歧化反应，反应产物 N_2O 和 NO_2 或 NO_2^-，因此依据产物的不同可以将反应分为两类。Vilakazi 等[166]研究了酞菁钴基络合吸收剂($Co^{II}Pc$)在无氧条件下吸收 NO 的反应机理(式(2-35)～式(2-39))，从反应式可以知道这个过程是通过 Co 离子价态变化来还原 NO 的：

$$Co^{II}Pc + NO \longrightarrow [(NO)Co^{III}Pc]^+ \tag{2-35}$$

$$[(NO)Co^{III}Pc]^+ + e^- \longrightarrow (NO)Co^{II}Pc \tag{2-36}$$

$$(NO)Co^{II}Pc + e^- \longrightarrow [(NO)Co^{I}Pc]^- \tag{2-37}$$

$$[(NO)Co^{I}Pc]^- + e^- \longrightarrow [(NO)Co^{I}Pc]^{2-} \tag{2-38}$$

$$[(NO)Co^{I}Pc]^{2-} + ne^- \longrightarrow NH_3 + 其他产物 \tag{2-39}$$

当选择 $Co^{II}(NH_3)_5$ 络合剂吸收 NO 时，$Co^{II}(NH_3)_5$ 吸收 NO 后得到线形二聚体的亚硝酰合钴氨(2-40)，酸性条件下 NO 被还原成 N_2O (2-41)；当 NO 过量时，线形二聚体的亚硝酰合钴氨则会继续与 NO 作用，NO 发生歧化反应生成 N_2O 和 NO_2^- (2-42)[167]。

$$2[Co^{II}(NH_3)_5]^{2+} + 2NO \longrightarrow [(NH_3)_5Co^{III}(O)N{=}N{-}O{-}Co^{III}(NH_3)_5]^{4+} \tag{2-40}$$

$$[(NH_3)_5Co^{III}(O)N{=}N{-}O{-}Co^{III}(NH_3)_5]^{4+} + 2H_3O^+ \longrightarrow$$
$$2[Co^{III}(NH_3)_5(OH_2)]^{3+} + H_2O + N_2O \tag{2-41}$$

$$[(NH_3)_5Co^{III}(O)N{=}N{-}O{-}Co^{III}(NH_3)_5]^{4+} + 2OH^- + 2NO \longrightarrow$$
$$2[Co^{III}(NH_3)_5(OH)]^{2+} + N_2O + 2NO_2^- \tag{2-42}$$

有氧条件下 NO 通常先被氧化为 NO_2 溶解在水中得到 NO_2^- 和 NO_3^-，虽然产物一样，但有氧和无氧条件下的反应机理却并不相同。Clarkson 等[168]研究了氧气存在条件下，钴基络合剂与 NO 的反应历程，他们认为钴基络合剂(CoL_4)吸收 NO 后得到的混配络合物($BCoL_4NO$)中 NO 上的 N 原子与 O_2 结合后直接将 NO 氧化成 NO_2 是这个过程的决速步(式(2-44))，B 表示溶剂分子，L 为配体。

$$CoL_4NO + B \longrightarrow BCoL_4NO \tag{2-43}$$

$$BCoL_4NO + O_2 \longrightarrow L_4CoBN\begin{smallmatrix} &O \\ & \| \\ &O{-}O \end{smallmatrix} \tag{2-44}$$

$$L_4CoBN \overset{O}{\underset{O-O}{\diagdown}} \quad + \quad BCoL_4NO \longrightarrow L_4CoBN \overset{O \quad O}{\underset{O-O}{\diagdown}} NBCoL_4 \tag{2-45}$$

$$L_4CoBN \overset{O \quad O}{\underset{O-O}{\diagdown}} NBCoL_4 \longrightarrow 2CoL_4(NO_2)B \tag{2-46}$$

乙二胺合钴络合物$[Co^{III}(en)_3]^{3+}$在有氧条件下吸收 NO 的过程则是按照上述机理进行的。NO 与乙二胺合钴络合物反应生成亚硝酰乙二胺合钴络合物(式(2-47))：

$$[Co^{III}(en)_3]^{3+} + OH^- + NO \longrightarrow [Co^{III}(en)_2(NO)(OH)]^{2+} + en \tag{2-47}$$

氧气将亚硝酰乙二胺合钴络合物氧化为硝酰乙二胺合钴络合物(式(2-48))：

$$2[Co^{III}(en)_2(NO)(OH)]^{2+} + O_2 \longrightarrow 2[Co^{III}(en)_2(NO_2)(OH)]^{2+} \tag{2-48}$$

溶液中的 OH^- 与硝酰乙二胺合钴络合物反应生成 NO_2^- 和 NO_3^-(式(2-49))：

$$2[Co^{III}(en)_2(NO_2)(OH)]^{2+} + 2OH^- \longrightarrow 2[Co^{III}(en)_2(OH)]^{2+} + NO_2^- + NO_3^- + H_2O \tag{2-49}$$

最后，溶液中过量的乙二胺使$[Co^{III}(en)_3]^{3+}$再生，完成一个 NO 吸收循环(式(2-50))，由反应式可以看出，有氧条件下乙二胺合钴络合吸收剂起到了催化氧化 NO 的作用[169]。

$$[Co^{III}(en)_2(OH)]^{2+} + en \longrightarrow [Co^{III}(en)_3]^{3+} + OH^- \tag{2-50}$$

龙湘犁[164]以钴氨络合物为模型吸收剂研究了其在有氧条件下对 NO 的吸收行为，认为 O_2 分子与钴离子结合后形成了双核双氧桥式络合物(式(2-51))：

$$2[Co^{II}(NH_3)_6]^{2+} + O_2 \longrightarrow [(NH_3)_5Co^{II}-O-O-Co^{II}(NH_3)_5]^{4+} + 2NH_3 \tag{2-51}$$

这种双核双氧桥式络合物具有强氧化性，可以将钴氨络合吸收剂络合 NO 形成的亚硝酰合钴氨络合物(式(2-52))中的 NO 氧化成硝酰络合物(式(2-53))，并最终在碱性溶液中生成 NO_2^- 和 NO_3^-(式(2-54))。

$$[Co^{II}(NH_3)_6]^{2+} + NO \longrightarrow [Co^{II}(NH_3)_6(NO)]^{2+} \tag{2-52}$$

$$[(NH_3)_5Co^{II}-O-O-Co^{II}(NH_3)_5]^{4+} + 2NH_3 + H_2O + [Co^{II}(NH_3)_5(NO)]^{2+}$$
$$\longrightarrow 2[Co^{III}(NH_3)_6]^{3+} + 2OH^- + [Co^{II}(NH_3)_5(NO_2)]^{2+} \tag{2-53}$$

$$2[Co^{II}(NH_3)_5(NO_2)]^{2+} + 4NH_3 + H_2O \longrightarrow NH_4NO_2 + NH_4NO_3 + 2[Co^{II}(NH_3)_6]^{2+} \tag{2-54}$$

从式(2-53)可以看出，双核双氧桥式钴基络合物在氧化 NO 的同时，自身也由 Co^{2+} 变成了 Co^{3+}，但是 $[Co^{III}(NH_3)_6]^{3+}$ 却无法与 O_2 反应重新生成强氧化性的双核双氧络合物，导致其吸收 NO 的性能降低，因此需要加入还原剂使 $[Co^{II}(NH_3)_6]^{2+}$ 再生。

无论哪种反应机理，过渡金属离子络合物吸收 NO 的反应均为放热反应，因此 NO 的吸收性能会随温度的升高而降低，但温度过低也会对络合吸收剂吸收 NO 的速率产生不利影响。此外氧气浓度也是影响有氧条件 NO 的吸收性能的一个重要因素，氧气浓度过低则不利于 NO 的吸收，氧气浓度过高则会将过渡金属离子氧化成更高的价态，使其络合吸收 NO 的性能减弱 (Co^{3+}) 或不再具备络合 NO 的性能 (Fe^{3+})。

2.2.3　氧化还原反应

根据 IUPAC 的定义[170]，氧化还原反应指的是化学反应前后，元素的氧化数有变化的一类反应，根据元素氧化数的变化情况可以将氧化还原反应拆成两个半反应：氧化数升高的反应为氧化反应；氧化数降低的反应为还原反应。

虽然 NO 能被空气中的 O_2 氧化为 NO_2 后用碱液吸收，但 NO 浓度较低时，NO 与 O_2 的反应进行得很缓慢[171,172]。因此需要借助催化剂或强氧化剂的作用将 NO 快速氧化为 NO_2 被碱液吸收，常见的可用于喷剂的氧化剂如 ClO_2、H_2O_2、$NaClO$、$NaClO_2$ 等。以 $NaClO_2$ 的 NaOH 溶液为例：

$$4NO + 3ClO_2^- + 4OH^- \longrightarrow 4NO_3^- + 3Cl^- + 2H_2O \qquad (2\text{-}55)$$

从式(2-55)可以看出，反应过程需要消耗 OH^-，ClO_2^- 将 NO 氧化成 NO_3^-，自身被还原为 Cl^-，Chu 等发现 NO 吸收速率随 $NaClO_2$ 浓度的增加而大幅度增加，但是当 NaOH 浓度增大时，NO 吸收速率却不增反降[173]。这个过程的半反应可以表示为式(2-56)：

$$NH + 4OH^- \longrightarrow NO_3^- + 2H_2O + 3e^- \quad \varphi^0 = -0.957\ V \qquad (2\text{-}56)$$

根据 Nernst 方程的定义

$$\varphi_{NO/NO_3^-} = \varphi^0_{NO/NO_3^-} - \frac{RT}{nF}\ln\frac{[NO_3^-]}{[OH^-]} \qquad (2\text{-}57)$$

式中，n 为转移电子数，F 为法拉第常数。

由式(2-57)可以知道，φ_{NO/NO_3^-} 将随着 OH^- 浓度增加而降低，导致 NO 的吸收速率也随之降低[174]，因此提高碱的浓度不利于 NO 的吸收。研究也发现 pH 较低的情况下，$NaClO_2$ 会分解产生具有较强氧化性的 ClO_2，促进 NO 氧化成 NO_2，提高 NO 的吸收效率，因此提高吸收液 pH 最终导致 NO 吸收效率降低，也可能是由于碱性增强后抑制了 $NaClO_2$ 的分解和 ClO_2 的生成[173,175]。Sada 等[176]发现 $NaClO_2/NaOH$ 对 NO 的吸收性能随着温度升高而增强，当吸收温度从 25℃提高到 50℃时，NO 的吸收效率可以增加一倍，这是由于温度的升高大幅提高了 NO 的扩散系数和反应速率常数。双膜理论认为，在 NO 和吸收液两相接触时存在一个相界面，相界面两侧各存在一个稳定的层流薄膜，在湍流作用下 NO 从气相主体扩散到气膜表面，并继续通过分子扩散穿过气膜到达气液两相界面处，在界面处与吸收剂反应从而融入液相，依靠分子扩散作用通过液膜，最后在湍流作用下通过液膜扩散到液相主体中[154]，因此提高 NO 的扩散系数必将提高其吸收效率。类似地，$NaClO_2$ 的碱性溶液也能有效吸收 SO_2。

高锰酸钾和双氧水的碱性溶液对 NO 也具有很强的吸收性能。溶液碱性不同，高锰酸钾氧化吸收 NO 的产物也是不一样的，在强碱性溶液中高锰酸钾氧化吸收 NO 生成亚硝酸根离子，而在弱碱性或中性条件下则得到硝酸根离子，双氧水氧化吸收 NO 属于快速不可逆的一级反应[177]，产物也是硝酸根离子。但由于高锰酸钾或双氧水的氧化性过强且性质不够稳定，易产生二次污染而不宜用于喷剂。

二氧化氯(ClO_2)作为强氧化剂的一种，是国际上公认的效果最好、性能优良的绿色氧化分解剂和灭菌消毒剂，我国卫健委和住建部已经确定二氧化氯取代漂白粉、氯气和次氯酸钠等对环境和人体有害的氯系产品。利用二氧化氯的强氧化性能够与空气中甲醛反应的这一特点，能够将甲醛氧化成安全无害的二氧化碳和水，其反应机理可用下列反应式表示：

(a) ClO_2 单电子转移[178]

$$ClO_2 + e^- \longrightarrow ClO_2^-$$

(b) 甲醛氧化分解[179]

$$HCHO + ClO_2^- \longrightarrow \cdot CHO + ClOOO \tag{2-58}$$

$$\cdot CHO + ClOOO \longrightarrow HCOOOH \longrightarrow HCOOH \tag{2-59}$$

$$HCOOH \rightarrow HCOO^- \longrightarrow H_2O + \cdot CO_2^- \tag{2-60}$$

$$\cdot CO_2^- \rightarrow CO_2 \tag{2-61}$$

Jin 等[180]研究了 ClO_2 溶液对 SO_2 和 NO 的氧化吸收性能，实验结果表明，在 pH 为 3.8~8 的较宽范围内，二氧化氯对 SO_2 和 NO 都有较好的氧化吸收效率。SO_2 与 NO 共存的情况下，SO_2 能够促进 NO 的氧化吸收。进一步的研究还表明提高吸收液的 pH 会降低二氧化氯溶液的氧化性，增加二氧化氯的浓度能够显著提高吸收液对 NO 的氧化吸收性能，但对 SO_2 的吸收影响不大。

尿素作为一种还原性较强的物质，能够将氮氧化物还原为氮气，同时也能与 SO_2 反应生成硫酸铵。亚硫酸盐、硫代硫酸盐或硫化物等也可以作为还原剂吸收氮氧化物，亚硫酸钠溶液对 NO_2 的吸收速率明显优于水和酸碱性溶液，亚硫酸钠溶液与 NO_2 氧化还原反应得到 N_2 和硫酸钠，研究表明 SO_3 浓度是影响吸收性能的重要因素，NO_2 吸收速率随 SO_3 浓度的增加而增大[181]。由于亚硫酸钠与 NO 的反应产物不是 N_2 而是 N_2O，且反应速率明显低于其与 NO_2 的反应，因此将 NO 氧化为 NO_2 后再吸收可以显著提高亚硫酸钠的吸收性能。在亚硫酸钠吸收 NO_2 的过程中，O_2 的存在会氧化 SO_3^-，降低其对 NO_2 的吸收效率，可以通过加入添加剂，如硫代硫酸钠抑制 O_2 与 SO_3^- 的反应，减缓 O_2 对 SO_3^- 的氧化，但添加剂的加入并不能完全阻止 SO_3^- 的氧化[182]。类似地，由于臭氧具有强氧化性，亚硫酸盐、硫代硫酸盐或硫化物等还原性化合物也可以通过氧化还原反应净化臭氧污染。

2.2.4　亲核加成和亲核取代反应

甲醛中的羰基是一个具有极性的官能团，由于氧原子的电负性比碳原子大，因此氧原子带负电荷，而碳原子带正电荷，亲核试剂(Nu)容易进攻带正电的碳原子，导致π键异裂，形成两个σ键。酸或碱都能催化羰基的亲核加成，常见的亲核试剂主要包括醇、胺、硫醇、烷氧负离子、碳负离子、氢氧根离子、水等具有未共用电子对的离子或分子(Nu)。酸存在条件下，质子首先与羰基上的带负电的氧原子结合，形成碳正离子，然后亲核试剂进攻碳正离子得到亲核加成产物。

$$\tag{2-62}$$

碱性条件下，含有活泼氢的化合物如醇、酚、醛等在碱催化下生成碳负离子，亲核性增强，随后进攻羰基中带正电的碳原子得到亲核加成产物：

$$\text{Nu-H} + \text{OH}^- \longrightarrow \text{Nu}^- + \text{H}_2\text{O} \tag{2-63}$$

$$\tag{2-64}$$

能和甲醛发生亲核加成反应的化合物主要包括亚硫酸氢盐、氨(胺)类化合物(如尿素、氨基脲或氨基酸等)，酚类或醇类化合物(如苯酚、间苯二酚或甲醇等)以及具有次甲基活泼氢的化合物(如乙酰乙酸乙酯、丙二酸二甲酯等)。

亚硫酸氢根中硫原子含有未成对电子，可以作为亲核试剂进攻羰基中带正电的碳原子得到 α-羟基磺酸盐：

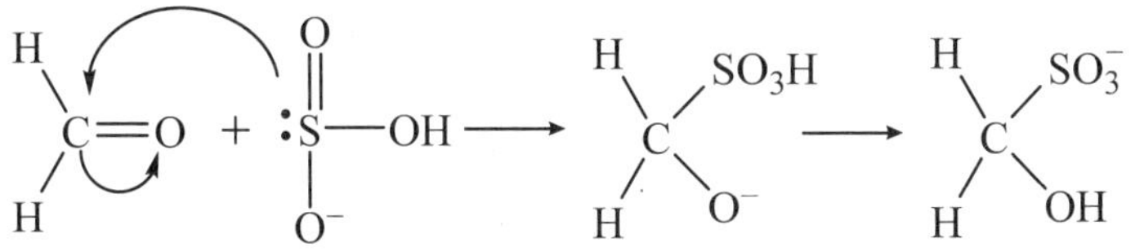

$$
\text{(2-65)}
$$

碱性条件下尿素与甲醛发生加成反应生成稳定的一羟甲基脲和二羟甲基脲：

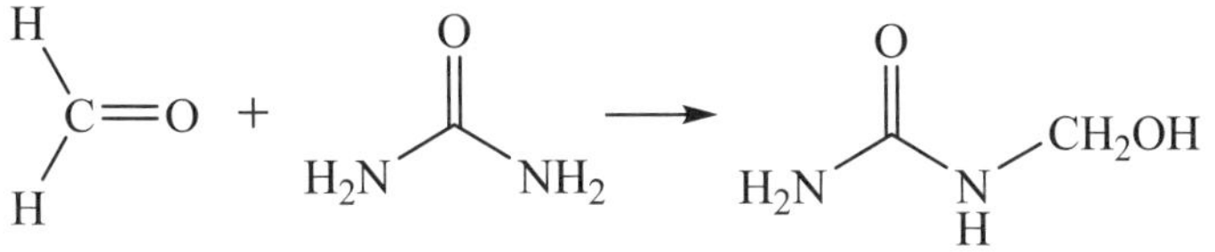

$$
\text{(2-66)}
$$

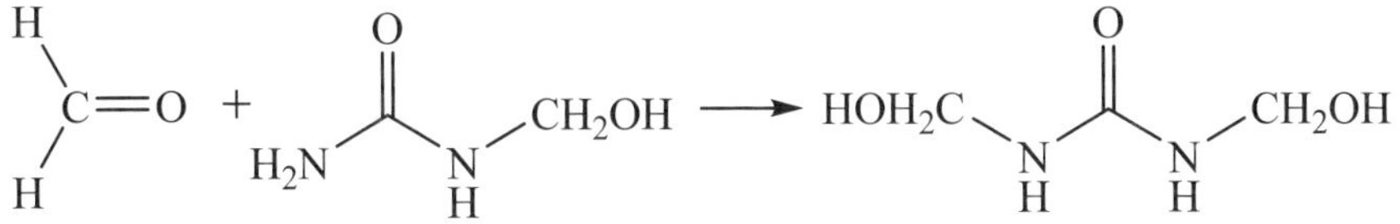

$$
\text{(2-67)}
$$

羟甲基脲中含有活泼的羟甲基，羟甲基与氨基、羟甲基与羟甲基之间发生亚甲基化反应得到甲叉脲的缩聚产物(脲醛树脂)，缩聚反应通常需要在酸性条件下进行：

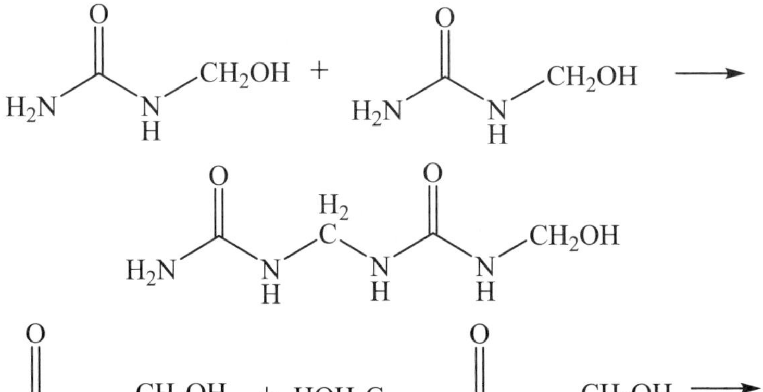

$$
\text{(2-68)}
$$

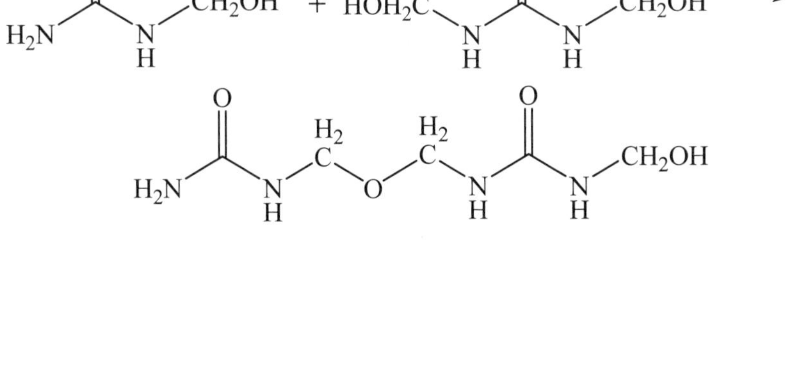

$$
\text{(2-69)}
$$

　　甲醛也能与羟胺、仲胺或氨基脲等化合物反应生成肟、Schiff 碱和缩氨脲。反应分两步完成，首先氮原子上存在孤电子对，羟胺、伯胺、仲胺或氨基脲能够作为亲核试剂与羰基进行亲核加成，生成中间产物，然后中间产物脱去一分子水得到最终产物。由于羟胺、伯胺或氨基脲等亲核能力较弱，因此该反应需要在酸性条件下进行。酸性条件使甲醛中的羰基先发生质子化，增强羰基碳的亲电能力，从而有利于亲核试剂的进攻。但酸性不能过强，否则氨基也会发生质子化反应生成铵离子从而不能进行亲核加成反应。因此，甲醛与羟胺、伯胺、仲胺或氨基脲等化合物的反应需要在适当的 pH 下进行，既能保证羰基的质子化程度，也不至于使氨基发生质子化反应形成铵离子，反应机理如下：

$$(2\text{-}70)$$

　　甲醛与醇在酸或碱催化作用下发生亲核加成反应生成半缩醛，半缩醛不稳定在酸性介质中与醇继续反应生成稳定的缩醛：

$$(2\text{-}71)$$

$$(2\text{-}72)$$

在弱碱(胺、吡啶或铵盐)催化作用下，甲醛能够与被两个吸电子基团活化的亚甲基或次甲基化合物发生缩合反应，吸电子基团一般为醛基(–CHO)、羰基(–COR)、酯基(–COOR)、羧基(–COOH)和硝基(–NO$_2$)等。首先甲醛与胺或铵根离子结合得到缩氨醛，含活泼亚甲基或次甲基化合物如乙酰乙酸乙酯在碱性条件下转变为碳负离子，然后碳负离子进攻碳正离子得到加成产物[183]：

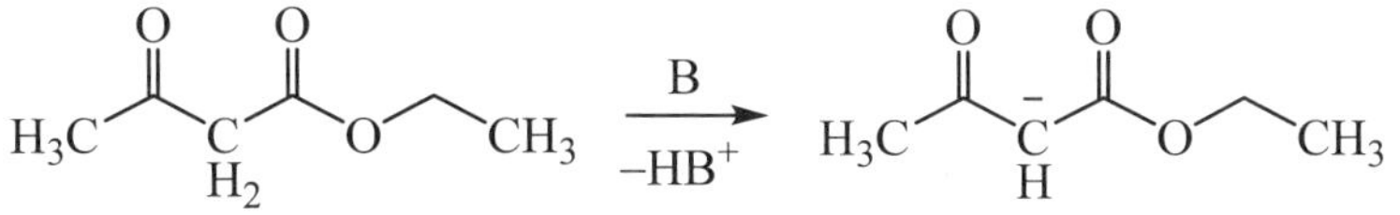

$$(2-73)$$

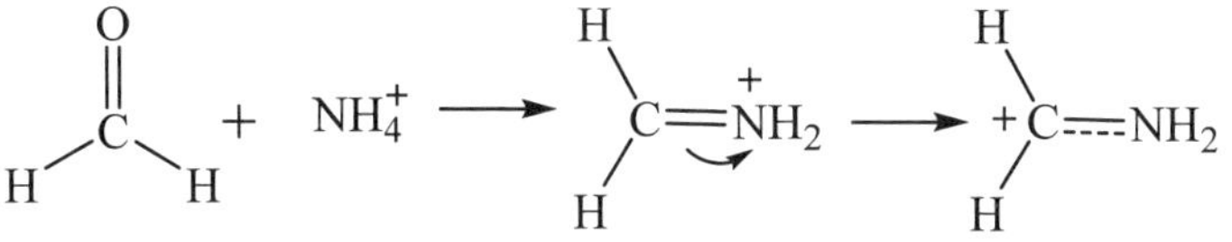

$$(2-74)$$

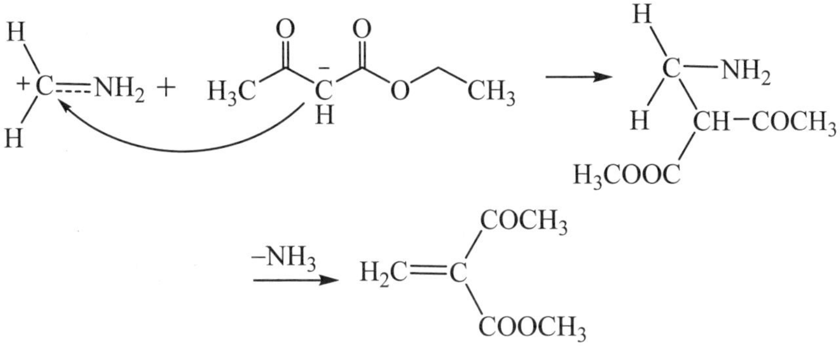

$$(2-75)$$

由于硫原子中存在孤电子对，因此硫化氢分子可以作为亲核试剂进攻带正电的碳原子。三嗪分子(图2-11)中氮原子和碳原子交替存在，且氮原子具有较强的吸电子效应，当氮原子质子化后，会使六元环上的碳原子亲电性增强，从而有利于亲核试剂的进攻。

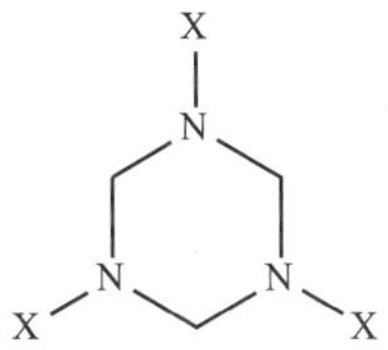

图2-11　三嗪化合物的结构式(X为不同取代官能团)

1,3,5-三(2-羟乙基)-六氢均三嗪是一个代表性的水溶性三嗪化合物，其与硫化氢的反应属于亲核取代反应[184]，其反应过程如式(2-76)和式(2-77)所示。第一步，三嗪分子(A)与一分子硫化氢反应生成 3,5-二(2-羟乙基)-1,3,5-噻二嗪(B)和一分子乙醇胺；第二步，化合物(B)继续与另一分子的 H$_2$S 反应生成 5-(2-羟乙基)-1,3,5-二噻嗪(C)和一分子乙醇胺，随着反应的进行，H_2S 与三嗪化合物之间发生亲核取代反应需要克服的能垒越来越高，H_2S 与三取代三嗪化合物的反应几乎很难进行，因此每摩尔三嗪化合物能吸收两摩尔 H_2S 分子，但由于亲核取代反应的产物乙醇胺也能吸收 H_2S，所以实际上每摩尔三嗪化合物能够吸收 $3\sim4mol$ H_2S 分子。

$$(2-76)$$

$$(2-77)$$

Bakke 等[185]研究发现三嗪的水解反应是亲核取代反应的主要竞争反应，其水解速率与质子浓度成正比，吸收液的 pH 较低时，三嗪水解速率增大，不利于 H_2S 与三嗪化合物发生亲核取代反应；当吸收液的 pH 较高时，三嗪水解速率下降，从而可以充分吸收 H_2S。进一步的研究结果还表明氮原子的质子化是三嗪开环发生亲核取代的决速步[185]，其反应机理如式(2-78)和式(2-79)所示。

$$(2-78)$$

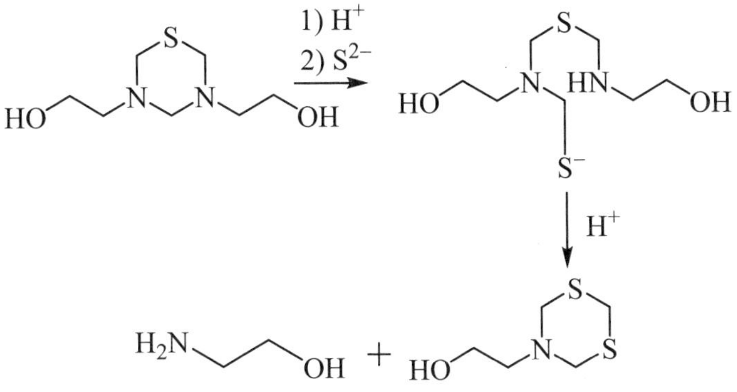

$$(2\text{-}79)$$

2.2.5　催化氧化反应

催化氧化是在催化剂作用下完成污染物的氧化，催化剂可以促进空气中的氧气与有机污染物(如甲醛、VOC 和苯系物等)发生氧化反应，生成二氧化碳和水。催化氧化主要分为光催化和传统催化，光催化剂一般为半导体材料，如二氧化钛[186]或氮化碳[187]，半导体粒子的能带结构由填满电子的价带、空的导带以及价带和导带之间的禁带组成。光催化剂的工作原理为[188,189]：通常条件下，由于禁带的限制，价带上的电子难以被激发跃迁到导带上，不具有催化活性。然而当光催化剂价带上的电子被能量等于或大于禁带宽度的光照射时，价带上的电子就会被激发跃迁到导带上形成光生电子(e^-)，同时价带上也会产生相应的光生空穴(h^+)。光生电子具有强还原性，与催化剂表面吸附的氧气分子或空气中的氧气分子结合形成超氧负离子自由基($\cdot O_2^-$)，光生空穴具有强氧化性，与催化剂表面吸附的水分子或空气中的水分子结合形成羟基自由基($\cdot OH$)，这两种自由基进一步与催化剂表面吸附的污染物反应，最终将其氧化为二氧化碳和水或其他小分子。以二氧化钛为光催化剂、甲醛为污染物，说明光催化氧化除甲醛的过程[190,191]：

(1)光生电子和光生空穴的产生

$$TiO_2 \xrightarrow{h\nu} h^+ + e^- \tag{2-80}$$

(2)O_2、H_2O 和 HCHO 在催化剂表面的吸附

$$O_2\,(g) \longrightarrow O_2\,(ads) \tag{2-81}$$

$$H_2O\,(g) \longrightarrow H_2O\,(ads) \tag{2-82}$$

$$HCHO\,(g) \longrightarrow HCHO\,(ads) \tag{2-83}$$

(3)氧化剂的生成

$$O_2\,(ads) + e^- \longrightarrow \cdot O_2^- \tag{2-84}$$

$$h^+ + H_2O \ (ads) \longrightarrow \cdot OH + H^+ \tag{2-85}$$

或

$$h^+ + H_2O \ (ads) \longrightarrow \cdot OH \tag{2-86}$$

(4) 甲醛的催化分解

$$HCHO + \cdot OH \longrightarrow \cdot CHO + H_2O \tag{2-87}$$

$$\cdot CHO + \cdot O_2^- \longrightarrow HCOOO^- \longrightarrow HCOOOH \longrightarrow HCOOH \tag{2-88}$$

$$HCOOH \longrightarrow HCOO^- \longrightarrow H_2O + \cdot CO_2^- \tag{2-89}$$

$$\cdot CO_2^- \longrightarrow CO_2 \tag{2-90}$$

从上述反应过程可以看出，光催化氧化甲醛的中间产物是甲酸，研究发现草酸钠能够清除吸附在二氧化钛上的甲酸及类似中间产物提高催化剂对甲醛的降解效率[192]。虽然 TiO_2 能够催化氧化多种有机污染物以及 CO 和 NH_3 等[193]，但其禁带宽度为 3.2eV，只能吸收紫外光，光子利用率较低。因此需要减小 TiO_2 的禁带宽度，提高 TiO_2 对可见光的吸收性能。研究发现阳离子掺杂或阴离子掺杂能够减小 TiO_2 的带隙，提高光子利用率[194,195]，Zhu 等[196]研究发现 TiO_2 中掺入 Cr^{3+} 后，吸收波长拓展至 500nm，达到可见光范围。Ihara 等[197]也发现 N 元素的掺杂也能得到具有可见光响应的 TiO_2，此外通过沉积贵金属[198]或复合其他半导体材料[199]提高电子和空穴分离效率也能显著增强 TiO_2 的光催化活性。

对传统催化而言，喷剂使用环境要求催化剂能够在室温下催化氧化污染物，因此主要以贵金属(如 Pt、Pd、Au 或 Ag 等)作为活性中心负载在金属氧化物载体上作为催化剂催化氧化污染物气体。这些贵金属中都具有空的 d 轨道，能够与具有孤对电子或带电分子发生吸附作用形成活性物种，且吸附强度适中，有利于后续反应的进行。研究发现甲醛在贵金属催化剂表面的氧化分解过程大致可以分为直接反应机理[200,201]和间接反应机理[202-204]两种。直接反应机理(图 2-12)为空气中氧气分子在贵金属表面吸附裂解为活性氧自由基([O])，活性氧自由基进攻吸附在贵金属表面上的甲醛分子形成二氧亚甲基(CH_2O_2, DOM)或甲酸盐中间体，DOM可以被进一步氧化成甲酸盐，随后甲酸盐分解为 CO 和 H_2O 或 CO_2 和 H_2O，最终 CO 被活性氧氧化成 CO_2。

间接反应机理(图 2-13)为甲醛分子与载体表面的羟基通过氢键作用结合在一起形成带正电的甲醛分子，空气中氧气分子在贵金属表面吸附裂解为活性氧自由基溢流到载体与金属界面处，随后活性氧进攻带正电的碳原子形成二氧亚甲基(CH_2O_2, DOM)中间体，另一个活性氧进攻甲醛分子中的 C–H 键形成甲酸盐物种，随后甲酸盐在表面羟基和活性氧物种作用下进一步分解生成 CO 和 H_2O 或 CO_2 和 H_2O，最终 CO 被活性氧氧化成 CO_2。

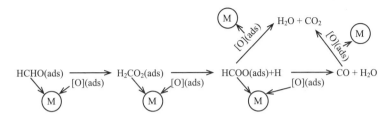

图 2-12　贵金属催化剂催化甲醛氧化分解直接反应过程示意图

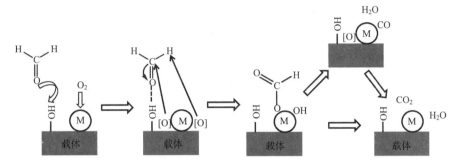

图 2-13　贵金属催化剂催化甲醛氧化分解间接反应过程示意图

过渡金属氧化物(如氧化铈、氧化镍、氧化锰、氧化铜、氧化钴等)也是一类具有较高催化氧化活性的催化剂，常用于催化氧化甲醛、苯系物、CO 以及 VOCs 等污染物，其催化过程可以用 Mars–van Krevelen（MvK）机理，Langmuir-Hinshelwood（L–H）机理或 Eley-Rideal（E–R）机理解释[205]。MvK 机理指反应物与催化剂晶格氧反应的机理。第一步是反应物与催化剂晶格氧反应，催化剂被还原产生氧空穴；第二步是催化剂被气相氧分子氧化，得以再生。由于第一步是氧化物催化剂被还原，第二步催化剂被氧化，这种机理也被称为氧化还原机理。该机理于 1954 年由马尔斯和范克雷维伦(Mars 和 van Krevelen)证实[206]。以 Co_3O_4 催化 CO 为例说明 MvK 机理的反应过程，如图 2-14 所示。

Langmuir-Hinshelwood（L–H）机理认为催化氧化反应发生在吸附氧与被吸附的污染物分子之间(图 2-15)。因此污染物分子与氧原子能否同时吸附到催化剂表面是反应能否进行的关键[207]，污染物分子和氧原子可以同时吸附在相同或相似类型的活性位点也可以吸附在两个不同的活性位点上。

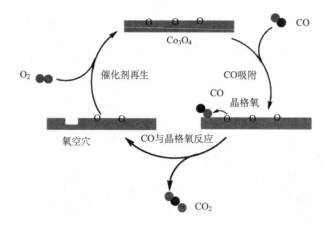

图 2-14 Co_3O_4 催化 CO 氧化 MvK 机理示意图

图 2-15 Co_3O_4 催化 CO 氧化 L–H 机理示意图

根据 Eley–Rideal（E–R）机理[208]（图 2-16），催化氧化是在被吸附氧与气相污染物之间进行的，分子氧在催化剂表面的吸附是该过程的决速步。

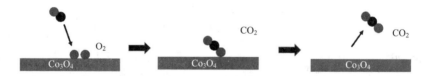

图 2-16 Co_3O_4 催化 CO 氧化 E–R 机理示意图

判断某个催化氧化反应遵循哪种反应机理，主要依赖于催化剂的物化性质（活性组分和载体）以及气体污染物的特性。对 $MnCe_{1-x}O_{2-y}$ 催化甲醛氧化机理的理论研究结果表明[209]，在化学计量表面上遵循 MvK 机理，而在有缺陷位的表面上，则更容易发生 L–H 反应机理。

2.3 杀 菌 原 理

细菌是许多疾病的病原体，包括肺结核、淋病、炭疽病、梅毒、鼠疫、沙眼等疾病都是由细菌所引发，因此需要使用杀菌剂杀灭空气中对人类有害的细菌。按照功能和组成可以将杀菌剂分为氧化型和非氧化性型两种。

2.3.1　氧化型杀菌剂

氧化型杀菌剂通过与菌体内酶系统发生作用，抑制酶活性并最终将细菌完全氧化成二氧化碳和水，常用的氧化型杀菌剂主要有含氯化合物，如次氯酸盐、二氧化氯、氯酸盐以及过氧化物等，但氧化型杀菌剂稳定性差，持续时间短，因而应用受到限制。

2.3.2　非氧化型杀菌剂

非氧化型杀菌剂主要有阳离子型杀菌剂、阴离子型杀菌剂、两性离子型杀菌剂和非离子型杀菌剂 4 种，其杀菌机理各不相同[210]。

1. 阳离子型杀菌剂

由于细菌细胞壁的组成成分磷壁酸和脂多糖都带有负电，因而细菌表面具有较多的负电荷，阳离子型杀菌剂就通过与细菌发生电中和反应，扰乱细菌正常代谢，达到杀死细菌的目的。阳离子型杀菌剂主要有烷基胍类、季铵盐类和季鏻盐类化合物。

烷基胍类杀菌剂是一种阳离子表面活性剂，胍水合质子化后带正电通过静电作用吸附在带负电的细菌表面并渗透至菌体内，影响其生长分裂和孢子萌发。同时胍类化合物还能抑制细菌的呼吸作用，使细胞质瓦解，细胞膨胀，最终破坏细菌细胞结构杀灭细菌。

季铵盐类杀菌剂是指含有疏水长链和单个或多个 N$^+$ 基团的化合物，季铵盐化合物通过氢键、静电吸引等作用方式，在带负电的细菌表面吸附、聚集，疏水长链与蛋白质发生疏水缔合作用镶嵌在细菌表面，阻碍了细菌细胞内外的传质，使细胞膜上的蛋白质变性。季铵盐杀菌剂也能穿透细胞壁，与细胞膜中的磷脂双分子层发生作用改变细胞膜的通透性，随着季铵盐化合物浓度的增加，疏水长链与细胞膜中磷脂的疏水端进一步融合，导致细胞内物质泄漏，最终使菌体死亡。季铵盐类杀菌剂具有化学稳定性好，易分散，低毒、高效等特点，应用较广泛。

N 和 P 同属第五主族元素，季鏻盐型化合物只是用 P$^+$ 替代了季铵盐中的 N$^+$。季鏻盐和季铵盐化合物在作为杀菌剂时，其杀菌机理基本一致，但 P 原子半径比 N 原子要大，因此 P$^+$ 的离子半径更大，极化作用更强，所带正电荷更多，更容易吸附在带负电的细菌表面，进而杀灭细菌。季鏻盐虽然能够高效杀灭细菌，但成本较高，难以推广。

2. 阴离子型杀菌剂

二硫代氨基甲酸盐就是一种阴离子型杀菌剂，但这类杀菌剂水溶性和复配性能较差，杀菌能力较弱。

3. 两性离子型杀菌剂

这类化合物中既有阴离子作用基团又含有阳离子作用基团，因此使用范围更广，杀菌能力更强。

4. 非离子型杀菌剂

非离子型杀菌剂通过与细菌的某些组成成分之间发生反应生成新的化合物，破坏细胞组织结构达到杀灭细菌的目的。这类杀菌剂主要有杂环类、酚类及其衍生物、有机醛类以及含硫氰根（SCN^-）化合物。

杂环类杀菌剂主要包括吡啶类衍生物、噻唑、三嗪类化合物、咪唑类衍生物以及异噻唑啉酮等。杂环上的 N、O 或 S 等活性位点通过氢键与菌体内 DNA 中的碱基发生作用，从而破坏细菌的 DNA 结构，导致细菌遗传物质改变，达到杀灭细菌的目的。杂环类化合物复配性能好，杀菌效率高，但与细菌的吸附结合性能较差，对好氧菌的杀菌性能不强且成本较高。

酚类及其衍生物可以与细菌蛋白结合，使细菌蛋白变性、凝固，从而破坏细菌基本结构和生物活性，导致细菌死亡。酚类化合物降解能力差，毒性较高，对环境污染大，因此也不宜使用。

醛类化合物中含有羰基，羰基碳带正电，可与细胞蛋白中的胺基或酶系统中的巯基发生亲核加成反应，使细菌蛋白变性，代谢紊乱，最终死亡。

硫氰根（SCN^-）离子能够与菌体内的铁离子形成稳定的络合物，降低铁离子从细菌脱氢酶中接受电子的能力，使细菌活性受抑制，最终杀灭细菌。这类化合物水溶性较差，需要添加表面活性剂提高其溶解性能，且碱性条件下硫氰根离子易水解产生有毒物质，因此这类化合物也不宜用于喷剂产品中。

2.4 本 章 小 结

空气净化喷剂是一种通过增大吸收液与污染物接触面积，提高污染物到吸收液的传质速率并借助物理、化学或生物作用最终实现有效去除空气中污染物目标的净化产品。物理作用包括污染物在吸收液中的溶解，粉尘或颗粒物的凝并沉降，化学作用指吸收液以及其中的活性组分与污染物分子发生中和反应、络合反应、氧化还原反应、亲核加成和亲核取代反应以及催化氧化反应等，从而将污染物分子转变成安全无害的产物，达到净化空气的目的。生物作用主要针对空气中对人们身心健康有害的细菌而言，通过杀菌剂与细菌组成结构之间发生物理或化学作用杀灭细菌。

从空气净化喷剂的作用原理可以知道，吸收液的组成是决定喷剂产品性能的最重要因素。因此需要通过分析污染物的物理、化学或生物性质并综合考虑安全性、经济性以及时效性等问题，针对性地设计或选择吸收液配方组成使之能够有效吸收污染物质或杀灭细菌而不产生二次污染。但目前市面上的一些生物酶、植物提取液、香味掩盖、光触媒等喷剂产品在安全、快速、长效净化空气方面均存在明显不足，因此结合喷剂作用原理作者认为吸收液或配方的设计选择需要在以下几个方面开展更深入的研究。

（1）对于吸收液或其活性组分的挥发性及挥发机理需要进一步的研究，从分子运动的微观层面提出抑制其挥发的机理，结合吸收剂的挥发机理或抑制其挥发的原理，开发新的吸收液组成。

（2）开发复合型吸收液，使之能够同时处理多种空气污染物，并对不同活性组分间的安全性、复配性、反应性以及挥发、降解等性质进行探讨，全面了解吸收液的相关信息。

（3）深入研究吸收液与污染物之间的作用机制，对产物的安全性进行评估，确保在净化空气的同时不会产生二次污染。

参 考 文 献

[1] 曹领帝. 离子液体型二氧化碳捕集吸收剂的研究[D]. 北京: 中国科学院大学, 2015.

[2] Shiflett M B, Yokozeki A. Chemical absorption of sulfur dioxide in room temperature ionic liquids[J]. Industrial & Engineering Chemistry Research, 2010, 49: 1370-1377.

[3] 均利. 金属离子液体材料的合成及高效分离氨的过程研究[D]. 北京: 北京化工大学, 2018.

[4] 冯熙. 质子型离子液体用于 H_2S 捕集与转化的研究[D]. 南京: 南京大学, 2017.

[5] 张丹丹. 咪唑类离子液体吸收甲苯和二甲苯的研究[D]. 石家庄: 河北科技大学, 2012.

[6] Duan E H, Guo B, Zhang D D, et al. Absorption of NO and NO_2 in caprolactam tetrabutyl ammonium halide ionic liquids [J]. Air & Waste Manage Association, 2011, 61 (12): 1393-1397.

[7] Huang A, Riisager A, Wasserscheid P, et al. Reversible physical adsorption of SO_2 by ionic liquids[J]. Chemical Communication, 2006, 38: 4027-4029.

[8] Yu G R, Chen X C. SO_2 capture by guanidinium-based ionic liquids: A theoretical study[J]. The Journal of Physical Chemistry B, 2011, 115 (13): 3466-3477.

[9] Zeng S J, Gao H S, Zhang X P, et al. Efficient and reversible capture of SO_2 by pyridimium-based ionic liquids[J]. Chemical Engineering Journal, 2014, 251: 248-256.

[10] Anderson J L, Dixon J K, Maginn E J, et al. Measurment of SO_2 solubility in ionic liquids[J]. The Journal of Physical Chemistry B, 2006, 110 (31): 15059-15062.

[11] 程刘备, 刘硕磊, 张向京, 等. 唑基离子液体的脱硫性能研究[J]. 河北科技大学学报, 2017,

38 (5): 445-452.

[12] Lee, K Y, Kim C S, Kim H, et al. Effects of halide anions to adsorb SO_2 in ionic liquids[J]. Bulletin of the Korean Chemical Society, 2010, 31 (7): 1937-1940.

[13] 赵途, 孙涛略, 张连宇, 等. 离子液体在 SO_2 脱除中的研究进展[J]. 现代化工, 2016, 36 (2): 17-22.

[14] Zeng, S J, He H Y, Gao H S, et al. Improving SO_2 capture by tuning functional groups on the cation of pyridinium-based ionic liquids[J]. RSC Advance, 2015, 5 (4): 2470-2478.

[15] Huang J, Riisager A, Berg R W, et al. Tuning ionic liquids for high gas solubility and reversible gas sorption[J]. Journal of Molecular Catalysis A: Chemical, 2007, 279 (2): 170-176.

[16] Hong S Y, Im J, Palgunadi J, et al. Ether-functionalized ionic liquids as highly efficient SO_2 adsorbents[J]. Energy & Environmental Science, 2011, 4 (5): 1802-1806.

[17] Zhao Y, Wang J Y, Jiang H C, et al. Desulfurization performance of ether-functionalized imidazoliumbased ionic liquids supported on porous silica gel[J]. Energy Fules, 2015, 29 (3): 1941-1945.

[18] Blanchard L A, Hancu D, Beckman E J, et al. Green processing using ionic liquids and CO_2[J]. Nature, 1999, 399: 28-29.

[19] Huang X, Margulis C J, Li Y, et al. Partial molar volume of CO_2 so small when dissolved in a room temperature ionic liquid? Structure and dynamics of CO_2 dissolved in [Bmim+] [PF6-] [J]. Journal of the American Chemical Society, 2005, 127 (50): 17842-17851.

[20] Blanchard L A, Gu Z Y, Brennecke J F. High-pressure phase behavior of ionic liquid/CO_2 systems[J]. The Journal of Physical Chemistry B, 2001, 105: 2437-2444.

[21] Shiflett M B, Yokozeki A. Solubilities and diffusivities of carbon dioxide in ionic liquids: [bmim][PF6] and [bmim][BF4][J]. Industrial & Engineering Chemistry Research, 2005, 44: 4453-4464.

[22] Huang J H, Rüther T. Why are ionic liquids attractive for CO_2 absorption? An overview[J]. Australian Journal of Chemistry, 2009, 62: 298-308.

[23] Cadena C, Anthony J L, Shah J K, et al. Why is CO_2 so soluble in imidazolium-based ionic liquids[J]. Journal of the American Chemical Society, 2004, 126 (16): 5300-5308.

[24] Anthony J L, Abderson J L, Maginn E J, et al. Anion effects on gas solubility in ionic liquids[J]. The Journal of Physical Chemistry B, 2005, 109 (13): 6366-6374.

[25] Mortazavi-Manesh S, Satyro M A, Marriott R A. Screeing ionic liquids as candidates for seperation of acid gases: Solubility of hydrogen sulfide, methane, and ethane [J]. AIChE Journal, 2013, 59 (8): 2993-3005.

[26] Ramdin M, de Loos T W, Vlugt T J H. State-of-the-art of CO_2 capture with ionic liquids[J]. Industrial & Engineering Chemistry Research, 2012, 51(24): 8149-8177.

[27] Kazarian S G, Briscoe B J, Welton T. Combining ionic liquids and supercritical fluids: in situ ATR-IR study of CO_2 dissolved in two ionic liquids at high pressure[J]. Chemical Communication, 2000, 2047-2048.

[28] Dong K, Zhang S J, Wang D X, et al. Hydrogen bonds in imidazolium ionic liquids[J]. The

Journal of Physical Chemistry A, 2006, 110 (31): 9775-9782.

[29] Aki S N V K, Mellein B R, Saurer E M, et al. High-pressure phase behavior of carbon dioxide with imidazolium-based ionic liquids[J]. The Journal of Physical Chemistry B, 2004, 108: 20355-20365.

[30] Kanakubo M, Umecky T, Hiejima Y, et al. Solution structure of 1-butyl-3- methylimidazolium hexafluorophosphate ionic liquid saturated with CO_2: experimental evidence of specific anion-CO_2 interaction[J]. The Journal of Physcial Chemistry B, 2005, 109: 13847-13850.

[31] Pringle J M, Golding J, Baranyai K, et al. The effect of anion fluorination in ionic liquids-physical properties of a range of bis(methanesulfonyl)amide salts[J]. New Journal of Chemistry, 2003, 27: 1504-1510.

[32] Chen Y H, Zhang S J, Yuan X L, et al. Solubility of CO_2 in imidazolium-based tetrafluorobrate ionic liquids[J]. Thermochimica Acta, 2006, 441: 42-44.

[33] Chowdhury S, Mohan R S, Scott J L. Reactivity of ionic liquids[J]. Tetrahedron, 2007, 63: 2363-2389.

[34] Muldoon M J, Aki S N V K, Anderson J L, et al. Improving carbon dioxide solubility in ionic liquids[J]. The Journal of Physical Chemistry B, 2007, 111: 9001-9009.

[35] Baltus R E, Culbertson B H, Dai S, et al. Low-pressure solubility of carbon dioxide in room-temperature ionic liquids measured with a quartz crystal microbalance[J]. The Journal of Physical Chemistry B, 2004, 108: 721-727.

[36] Jou F Y, Mather A E. Solubility of hydrogen sulfide in [bmim][PF6][J]. International Jpurnal of Thermophysics, 2007, 28 (2): 490-495.

[37] Pomelli C S, Chiappe C, Vidis A, et al. Influence of the interaction between hydrogen sulfide and ionic liquids on solubility: experimental and theoretical investigation[J]. Journal of Physical Chemistry B, 2007, 111 (45): 13014-13019.

[38] Gonzalez-Miquel M, Palomar J, Rodriguez F. Selection of ionic liquids for enhancing the gas solubility of volatile organic compounds[J]. The Journal of Physcial Chemistry B, 2013, 117 (1): 296-306.

[39] Li C H, Gao K X, Meng Y N, et al. Solution thermodynamics of imidazolium-based ionic liquids and volatile organic compounds: Benzene and acetone[J]. Journal of Chemical & Engineering Data, 2015, 60 (6): 1600-1607.

[40] Quijano G, Couvert A, Amrane A, et al. Potential of ionic liquids for VOC absorption and biodegradation in multiphase systems[J]. Chemical Engineering Science, 2011, 66(12): 2707-2712.

[41] Atwood J L, Davies J E D, MacNical D D. Inclusion Compounds [M]. London: Academic Press, 1983.

[42] Holbrey J D, Reichert W M, Rogers R D, et al. Liquid clathrate formation in ionic liquid-aromatic mixtures[J]. Chemical Communications, 2003, 4: 476-477.

[43] Deetlefs M, Hardacre C, Nieuwenhuyzen M, et al. Structure of ionic liquid-benzene mixtures[J]. The Journal of Physical Chemistry B, 2005, 109 (4): 1593-1598.

[44] García J, Torrecilla J S, Frenandez A, et al. (Liquid+liquid) equilibria in the binary system (aliphatic, or aromatic hydrocarbons+1-ethyl-3-methylimidazolium ethylsulfate, or 1-butyl-3-methylimidazolium methylsulfate ionic liquids)[J]. Journal of Chemical Thermodynamics, 2010, 42: 144-150.

[45] Arce A, Earle M J, Seddon K R, et al. 1-Ethyl-3-methylimidazolium bis{(trifluoromethyl) sulfonyl} amide as solvent for the separation of aromatic and aliphatic hydrocarbons by liquid extraction-extension to C7- and C8- fractions[J]. Green Chemistry, 2008, 10 (12): 1294.

[46] Huo Y, Xia S Q, Ma P S. Solubility of alcohols and aromatic compounds in imidazolium-based ionic liquids[J]. Journal of Chemical and Engineering Data, 2008, 53 (11): 2535-2539.

[47] García S, Larriba M, García J, et al. Liquid-liquid extraction of toluene from heptane using 1-alkyi-3-methylimidazolium bis (trifluoromethylsulfonyl) imide ionic liquids[J]. Journal of Chemical and Engineering Data, 2011, 56 (1): 113-118.

[48] 吴菲. 离子液与典型挥发性有机物的交互作用及享利系数预测模拟研究 [D]. 北京: 北京化工大学, 2017.

[49] Bedia J, Ruiz E, De Riva J, et al. Optimized ionic liquids for toluene absorption [J]. AIChE Journal, 2012, 59 (5): 1648-1656.

[50] 李晶晶, 赵千舒, 唐晓东, 等. 离子液体脱芳烃研究进展[J]. 现代化工, 2014, 34 (8): 45-49.

[51] 胡佳静. CO_2 和 NH_3 在离子液体中的溶解度模型选择及其捕集工艺[D]. 青岛: 青岛科技大学, 018.

[52] 李志杰. 羟基功能化离子液体的合成及吸收氨气的研究[D]. 北京: 北京化工大学, 2016.

[53] Letcher T M, Reddy P. Temary (liquid + liquid) equilibria foe mixtures of 1-hexyl-3-methylimidazolium (tetrafluoroborate or hexafluorophosphate) + benzene + an alkane at T=298.2 K and p=0. 1 MPa[J]. The Journal of Chemical Thermodynamics, 2005, 37 (5): 415-421.

[54] 何保潭. 季鏻型离子液体对芳烃吸收机理的量子化学研究[D]. 徐州: 中国矿业大学, 2018.

[55] 陈锐章. VOC 处理技术综述[J]. 环境与发展, 2018, 7: 98-100.

[56] 赵琳, 张英锋, 李荣焕, 等. VOC 的危害及回收与处理技术[J]. 化学教育, 2015, 16: 1-6.

[57] 王龙妹, 汪彤, 胡玢. 液体吸收法处理含苯系物废气研究现状及进展[J]. 环境工程, 2018, 36: 446-450.

[58] Ozturk B, Yilmaz D. Absorptive removol of volatile organic compounds from flue gas streams [J]. Process Safety & Environmental Protection, 2006, 84 (5): 391-398.

[59] 刘英. 苯系物的新型吸收剂制备及性能研究[D]. 青岛: 山东科技大学, 2010.

[60] 杜峰. 空气净化材料[M]. 北京: 科学出版社, 2017.

[61] 陶德东, 周腾腾. 柠檬酸钠水溶液对二甲苯废气吸收实验研究[J]. 广东化工, 2013, 40 (4): 52-53.

[62] 程丛兰, 黄小林, 郎爽, 等. 苯系物新型吸收剂的研究[J]. 北京工业大学学报, 2000, 26 (1): 107-111.

[63] 田森林, 刘恋, 宁平. 填料塔-微乳液增溶吸收法净化甲苯废气[J]. 环境工程学报, 2010, 4 (11): 2552-2556.

[64] 伍志波. 生物柴油基微乳液的制备及其吸收甲苯废气的实验研究[D]. 广州: 广东工业大学,

2013.

[65] 郑文涛. 质子型离子液体捕集 H_2S 和 CO_2 气体的性能研究[D]. 南京: 南京大学, 2018.

[66] 邢素华, 丁靖, 虞大红. 金属络合阴离子型离子液体的合成、性能及对 CO_2 的捕集[J]. 华东理工大学学报, 2014, 40 (3): 273-278.

[67] 李宁, 王志强, 李秉正, 等. 金属基离子液体吸收 CO_2 和 SO_2 的研究进展[J]. 化学与生物工程, 2016, 33 (7): 11-14.

[68] 夏万东. 低黏度离子液体对燃料油中碱性氮化物的脱除作用[J]. 现代化工, 2017, 37 (11): 146-149.

[69] 郭亚. 醚基、烯丙基咪唑类离子液体在 CO_2 捕集中的应用[D]. 新乡: 河南师范大学, 2015.

[70] 章淼淼. 季铵盐离子液体及其水溶液的物性与吸收 SO_2 机理研究[D]. 石家庄: 河北科技大学, 2011.

[71] 张盼. CO_2 在氨基酸离子液体-醇胺水溶液中的吸收特性研究[D]. 北京: 华北电力大学, 2017.

[72] 李振生, 平芬. 可吸入颗粒物对呼吸系统危害研究进展[J]. 河北医药, 2015: 37 (5): 734-737.

[73] 刘岩磊, 孙岚, 张英鸽. 粒径小于 2.5 微米可吸入颗粒的危害[J]. 国际药学研究杂志, 2011, 38 (6): 428-431.

[74] Lainer A I, Lainer Y A, Elperin I T, et al. Investigation of the process of rapping of roasted and reduced aluminium oxide dust in impinging jets[J]. Izvestia Vyshich Uchebnich Zavedeni, 1975, 6: 51-53.

[75] 向晓东. 除尘理论与技术[M]. 北京: 冶金工业出版社, 2013.

[76] 刘社育, 蒋仲安, 金龙哲. 湿式除尘器除尘机理的理论分析[J]. 中国矿业大学学报, 1998, 27 (1): 47-50.

[77] Calvert S, Lundgren D, Mehta D. Venturi scrubber performance[J]. Journal of the Air Pollution Control Association, 1972, 22 (7): 529-532.

[78] 马广大. 除尘器性能计算[M]. 北京: 中国环境科学出版社, 1990.

[79] Wong J B, Ranz W E, Johnstone H F. Inertial impaction of aerosol particles on cylinders[J]. Journal of Applied Physics, 1955, 26 (2): 244-249.

[80] Landahl H D, Herrmann R G. Sampling of liquid aerosols by wires, cylinders, and slides, and the efficiency of impaction of the droplets[J]. Journal of Colloid Science, 1949, 4 (2): 103-136.

[81] Langmuir J, Blodgett K B. A mathematical investigations of water droplet trajectories[J]. AAF Technical Report, 1946, 29: 8-20.

[82] Albrecht F. Theoretical investgations of dust despoition from flowing air and its application to the theory of the dust filter[J]. Physikalische Zeitschrift, 1931, 32: 48.

[83] Rosinski J, Nagamoto P C T. Particle trajectories and capture of particles by a sphere[J]. Kolloid-Zeitschrift und Zeitschrift fur Polymere, 1963, 192: 101-107.

[84] 陈宝元. 超声波水雾抑尘机理研究[J]. 电子世界, 2017, 10: 82-82.

[85] Ranz W E, Wong J B. Impaction of dust and smoke particles on surface and body collecfors[J]. Industrial & Engineering Chemistry, 1952, 44: 1371-1381.

[86] Einstein A. Elementare theorie der Brownschen bewegung[J]. Zeitschrift für Elekteotechnik und

Elektrochemie, 1908, 14 (17): 235-239.

[87] Crawford M. Air pollution control theory[M]. New York: McGraw-Hill, 1976.

[88] 张宇琪. 湿式颗粒层的过滤机理及实验研究[D]. 青岛: 青岛理工大学, 2016.

[89] 汤梦. 煤矿井下高压喷雾特性及降尘效果实验研究[D]. 湘潭: 湖南科技大学, 2015.

[90] 蒋仲安. 湿式除尘技术及应用[M]. 北京: 煤炭工业出版社, 1999.

[91] Calevrt S, Goldschmid J, Leith D, et al. Scrubber Handbook[M]. Springfield: National Technical Information Service, 1972.

[92] 蒋仲安. 湿式除尘器分级效率的计算和分析[J]. 安全, 1995, 3: 1-6.

[93] 刘晓燕. 湿式除尘中液滴对气溶胶粒子捕集效率的影响[D]. 上海: 东华大学, 2013.

[94] 李海龙, 张军营, 赵永椿, 等. 燃煤细颗粒固液团聚实验研究[J]. 中国电机工程学报, 2009, 29 (29): 62-66.

[95] Pajnik P. Experiment study of wet granulation in fluidized bed: Impact of binder properties on the granule morphology[J]. International Journal of Pharmaceutics, 2007, 334 (1-2): 92-102.

[96] Durham M D, Schlager R D, Ebner T G, et al. Method and apparatus for decreased undesired particle emissions in gas streams United States[J]. Quarterly Technical Report, 1999, 2 (5): 4-13.

[97] 杨晓媛. 细颗粒物在湿式电除尘器中凝并与收集实验研究[D]. 秦皇岛: 燕山大学, 2018.

[98] Schaefer T, Johnsen D, Johansen A. Effects of powder particle size and binder viscosity on intergranular and intergranular particle size heterogeneity during high shear granulation[J]. European Journal of Pharmaceutical Sciences, 2004, 4 (21): 525-531.

[99] Schaefer T, Mathiesen C. Melt pelletization in a high shear mixer. IX. Effects of binder particle size[J]. International Journal of Pharmaceutics, 1996, 188 (2): 139-148.

[100] 盘思伟, 张凯, 张军营, 等. 燃煤飞灰化学团聚促进机制研究[J]. 热力发电, 2016, 45 (6): 20-25.

[101] 肖远牲, 刘光全, 尹先清. 二氧化碳捕集技术及机理研究进展[J]. 化工中间体, 2012, 10: 1-5.

[102] Danckwerts P V, McNeil K M. The absorption of carbon dioxide into aqueous amine solutions and the effects of catalysis[J]. Chemical Engineering Science, 1967, 45: 32-49.

[103] Caplow M. Kinetics of carbamate formation and breakdown[J]. Journal of the American Chemical Society, 1968, 90: 6795-6803.

[104] 宿辉, 崔琳. 二氧化碳的吸收方法及机理研究[J]. 环境科学与管理, 2006, 31 (8): 79-81.

[105] Danckwerts P V. The reactions of CO_2 with ethanolamines[J]. Chemical Engineering Science, 1979, 34: 443-446.

[106] Versteeg G F, Swaaij W P M. On the kinetics between CO_2 and alkanolamines both in aqueous and non-aqueous solutions-I. Primary and secondary amines[J]. Chemical Engineering Science, 1988, 43 (3): 573-585.

[107] Laddha S S, Danckwerts P V. Reaction of CO_2 with ethanolamines: kinetics from gas-absorption [J]. Chemical Enfineering Science, 1981, 36 (3): 479-482.

[108] Crooks J E, Donnellan J P. Kinetics and mechanism of the reaction between carbon dioxide and amines in aqueous solution[J]. Journal of the Chemical Society, Perkin Transactions, 1989, 2

(4): 331-334.

[109] Barth D, Tondre C, Deopuech J J. Stopped-flow determination of carbon dioxide- diethanolamine reaction mechanism: Kinetics of carbamate formation[J]. International Journal of Chemical Kinetics, 1983, 15 (11): 1147-1160.

[110] Versteeg G F, Swaaij W P M. On the kinetics between CO_2 and alkanolamines both in aqueous and non-aqueous solutions[J]. Chemical Engineering Science, 1988, 43 (13): 587-591.

[111] Donaldson T L, Nguyen Y N. Carbon dioxide reaction and transport in aqueous amine membranes[J]. Industrial & Engineering Chemistry Fundamentals, 1980, 19: 260-266.

[112] 陆诗建, 李清方, 张建. 醇胺溶液吸收二氧化碳方法及反应原理概述[J]. 科技创新导报, 2009, 13: 4-17.

[113] 陈赓良. 醇胺法脱硫脱碳工艺的惠顾与展望[J]. 石油与天然气化工, 2003, 32 (3): 134-138.

[114] Astarita G, Savage D W, Longo J M. Promotion of CO_2 mass transfer in carbonate solutions[J]. Chemical Engineering Science, 1981, 36 (3): 581-588.

[115] Chakravarty T, Phukan K, Weilund H. Reaction of acid gases with mixtures of amines[J]. Chemical Engineering Progress, 1985, 81 (4): 32-36.

[116] 刘贺磊. 新型有机叔胺溶剂吸收二氧化碳性能的研究[D]. 长沙: 湖南大学, 2016.

[117] 张婷婷. 空间位阻 AMP(2-氨基-2-甲基-1-丙醇)吸收 CO_2 的研究[D]. 上海: 上海师范大学, 2013.

[118] Bosch H, Versteeg G F, Swaaij W P M. Gas-liquid mass transfer with parallel reversible reactions-I Absorption of CO_2 into solutions of sterically hindered amines[J]. Chemical Engineering Science, 1989, 44 (11): 2713-2734.

[119] Chakraborty A K, Astarita G, Bischoff K B. CO_2 absorption into aqueous solutions of hindered amines[J]. Chemical Engineering Science, 1986, 41: 997-1003.

[120] Sukanta K D, Arunkumar S, Amar N S, et al. Absorption of carbon dioxide in piperazine activated concentrated aqueous 2-amino-2-methyl-1-propanol solvent [J]. Chemical Engineering Science, 2011, 66: 3223-3233.

[121] Samanta A, Bandyopadhyay S S. Absorption of carbon dioxide into aqueous solution of piperazine activated 2-amino-2-methyl-1-propanol[J]. Chemical Engineering Science, 2009, 64: 1185-1194.

[122] Bishnoi S, Rochelle G T. Absorption of carbon dioxide into aqueous piperazine: Reaction kinetics, solubility and mass transfer[J]. Chemical Engineering Science, 2000, 55: 31-55.

[123] 徐寅. 哌嗪活化氨溶液脱除二氧化碳的试验及数值模拟研究[D]. 南京: 东南大学, 2016.

[124] 翁淑容. 有机胺湿法烟气脱硫实验研究[D]. 南京: 南京理工大学, 2007.

[125] Union Crbide. New CanSolv technology from Union Carbide uses thermally regenerable organic amine salt to remove sulfur dioxide from flue gas[J]. Chemical & Engineering News, 1991, 69 (46): 7.

[126] 张金生. 柠檬酸钠法生产液体 SO_2 的理论探讨及国内厂家生产问题的分析[J]. 硫酸工业, 1998, 3: 3-6.

[127] 高艺. 碱式硫酸铝脱硫富液解吸二氧化硫特性研究[D]. 呼和浩特: 内蒙古工业大学,

2014.

[128] 王巧玉, 邓先和. 碱式硫酸铝溶液吸收二氧化硫[J]. 环境工程学报, 2013, 12: 4940-4944.

[129] 刘新鹏. 用于硫化氢脱除与刘子源回收的绿色脱硫新体系性能研究[D]. 济南: 山东大学, 2017.

[130] 杜建鹏. 醇胺法脱除天然气中硫化氢的研究[D]. 上海: 华东理工大学, 2012.

[131] 姜雪. 天然气脱 H_2S 胺液吸收与解吸性能研究[D]. 青岛: 中国石油大学, 2015.

[132] 唐建峰, 李晶, 陈杰, 等. TEA+DETA 混合胺液脱除天然气中 H_2S 性能[J]. 石油学报, 2015, 36 (8): 1004-1012.

[133] 孙剑, 夏剑忠, 施云海. MDEA-MEA 混合醇胺脱硫脱碳的模拟计算[J]. 化学反应工程与工艺, 2007, 3: 279-283.

[134] Lu J G, Zheng Y F, He D L. Selective absorption of H₂S from gas mixtures into aqueous solutions of blended amines of methyldiethanolamine and 2-tertiarybutylamino-2-ethoxyethanol in a packed column[J]. Separation and Purification Technology, 200, 52 (2): 209-217.

[135] 尹丹辉, 何刚, 张雷, 等. 浅析 MDEA 对 H_2S、CO_2 的选择性吸收[J]. 广州化工, 2016, 44 (6): 122-124.

[136] 郑主宜. 杂多酸湿法吸收模拟烟气中的氮氧化物[J]. 化工中间体, 2012, 10: 51-54.

[137] 程宏亮. 脱销技术及研究进展[J]. 轻工科技, 2017, 4: 103-106.

[138] 赵建荣. 湿法吸收法处理氮氧化物废气[J]. 江苏环境科技, 1999, 12 (4): 9-11.

[139] 李桂华. 离子液体吸收氨气的应用基础研究[D]. 北京: 北京化工大学, 2011.

[140] Zeise W C. Von der wirkung zwischen platinchlorid und alkohol, und von den dabei entstehenden neuen substanzen[J]. Annalen Der Physik Und Chemie, 1831, 97 (4): 497-541.

[141] Dewar M J S. A review of π complex theory[J]. Bulletin de la Société Chimique de France, 1951, 18: 71-79.

[142] Dewar M J S. A molecular orbital throry of organic chemisrty. I. General principles[J]. Journal of the American Societry Chemistry, 1952, 74 (13): 3341-3345.

[143] Chatt J, Duncanson L A, Venanzi L M. Directing effects in inorganic substitution reactions. Part I. A hypothesis to explain the trans-effect[J]. Journal of the Chemical Society, 1955, 4456-4460.

[144] Chatt J, Duncanson L A. Olefin co-ordination compounds. Part III. Infrared spectra and structure: attempted preparation of acetylene complexes[J]. Journal of the Chemical Society, 1953, 586: 2939-2947.

[145] Safarik D J, Eldridge R B. Olefin/paraffin separations by reactive absorption: a review[J]. Industrial Engineering Chemistry Research, 1998, 37: 2571-2581.

[146] Chen N, Yang R T. Ab Initio molecular orbital study of adsorption of oxygen, nitrogen, and ethylene on silver-zeolite and silver halides[J]. Industrial & Engineering Chemistry Research, 1996, 35 (11): 4020-4027.

[147] Yang R T. 吸附剂原理与应用[M]. 马丽萍, 宁平, 田森林, 译. 北京: 高等教育出版社, 2010.

[148] Quinn H W. Hydrocarbon separations with silver (I) system. In process in separation and purification[M]. New York: Interscience, 1971.

[149] Huang H Y, Padin J, Yang R T. Comparison of π-complexations of ethylene and carbon monoxide with Cu$^+$ and Ag$^+$ [J]. Industrial & Engineering Chemistry Research, 1999, 38 (7): 2720-2725.

[150] Huang H Y, Padin J, Yang R T. Anion and cation effects on olefin adsorption on silver and copper holides: Ab initio effective core potential study of π-complexation[J]. Journal of Physical Chemistry B, 1999, 103 (16): 3206-3212.

[151] Takahashi A, Yang F H, Yang R T. Aromatics/aliphatics separation by adsorption: New sorbents for selective aromatics adsorption by π-complexation[J]. Industrial & Engineering Chemistry Research, 2000, 39 (10): 3856-3867.

[152] 徐光宪. 物质结构[M]. 北京: 科学出版社, 2010.

[153] McCleverty J. Reactions of nitric oxide coordinated to transition metals[J]. Chemical Reviews, 1979, 79 (1): 53-82.

[154] 王莉. Fe^{II}EDTA 湿法络合脱硝液的再生及资源化初探[D]. 杭州: 浙江大学, 2007.

[155] Littlejohn D, Chang S G. Kinetic study of ferrous nitrosyl complexes[J]. The Journal of Physical Chemistry, 1982, 86 (4): 537-540.

[156] Hofele H, Velzen D, Langenkamp H, et al. Absorption of NO in aqueous solutions of Fe^{II}NTA: determination of the equilibrium constant[J]. Chemical Engineering and Processing: Process Intensification, 1996, 35 (4): 295-300.

[157] Sada E H, Kumazawa H, Takada Y. Chemical reaction accompanying absorption of NO in aqieous mixed solution of Fe^{II}EDTA and Na$_2$SO$_3$[J]. Industrial & Engineering Chemistry Fundamentals, 1984, 23: 60-64.

[158] Zang V, Van Eldik R. Kinetics and mechanism of the autoxidation of iron(II) induced through chelation by ethylenediaminetetraacetate and related ligands[J]. Inorganic Chemistry, 1990, 29 (9): 1705-1711.

[159] He F, Deng X, Chen M. Kinetics of Fe^{III}EDTA complex reduction with iron powder under aerobic conditions[J]. RSC Advances, 2016, 6 (44): 38416-38423.

[160] Chang S G, Littlejohn D, Liu D K. Use of chelate of SH-containing amino acids and peptides for the removal of NOx and SO$_2$ from flue gas[J]. Industrial & Engineering Chemistry Research, 1988, 27 (11): 2156-2161.

[161] Shi Y, Littlejohn D, Chang S G. Integrated tests for removal of nitric oxide with iron thichlete in wet flue gas desulfurization system[J]. Environmental Science and Technology, 1996, 30 (11): 3371-3376.

[162] 荆国华. Fe^{II}(EDTA)络合吸收结合生物转化脱除 NO 研究[D]. 杭州: 浙江大学, 2004.

[163] Ford P C, Lorkovic I M. Mechanistic aspects of the reactions of nitric oxide with transition-metal complexes[J]. Chemical Reviews, 2002, 102 (4): 993-1017.

[164] 龙湘犁. SO$_2$ 和 NO 同时吸收过程研究[D]. 上海: 华东理工大学, 2002.

[165] 周春琼, 邓先和. 钴络合物液相络合 NO 的研究进展[J]. 现代化工, 2005, 23 (9): 26-29.

[166] Vilakazi S L, Nyokong T. Interaction of nitric oxide with cobalt(II) phthalocyanine: kinetics, equilibria and electrocatalytic studies[J]. Polyhedron, 1998, 17 (25-26): 4415-4423.

[167] Gans, P. Reaction of nitric oxide with cobalt(II) ammine complexes and other reducing agents[J]. Journal of the Chemical Society A: Inorganic, Physical, Theoretical, 1967: 943-946.

[168] Clarkson S G, Basolo F. Reaction of some cobalt nitrosyl complexes with oxygen[J]. Inorganic Chemistry, 1973, 12 (7): 1528-1534.

[169] 田雪洁. 吸收法烟气同时脱硫脱硝吸收剂的研究[D]. 北京: 北京石油化工大学, 2015.

[170] Calvert J G. Glossary of atmospheric chemistry terms[J]. Pure and Applied Chemistry, 1990, 62: 2167-2219.

[171] 马乐凡. 液相络合-铁还原-酸吸收回收法脱除烟气中 NO_x 的研究[D]. 湘潭: 湘潭大学, 2005.

[172] Olbregts J. Termolecular reaction of nitrogen monoxide and oxygen: a still unsolved problem[J]. International Journal of Chemical Kinetics, 1985, 17: 835-848.

[173] Chu H, Chien T W, Twu B W. The absorption kinetics of NO in NaClO/NaOH solutions[J]. Journal of Hazardous Materials, 2001, 84: 241-252.

[174] Guo R T, Gao X, Pan W G, et al. Absorption of NO into $NaClO_3$/NaOH solutions in a stirred tank reactor[J]. Fuel, 2010, 89: 3431-3435.

[175] Chien T W, Chu H. Spray scrubbing of nitrogen oxides into $NaClO_2$ solution under acidic conditions[J]. Journal of Environment Engineering, 2001, 36 (4): 403-414.

[176] Sada E, Kumazawa H. Absorption of laen NO in aqueous solutions of $NaClO_2$ and NaOH[J]. Industrial & Engineering Chemistry Process Design and Development, 1979, 18 (2): 275-278.

[177] Baveja K K, Subba Rao D, Sarkar M K. Kinetics of absorption of nitric oxide in hydrogen peroxide solutions[J]. Journal of Chemical Engineering of Japan, 1979, 12 (6): 322-325.

[178] 刘金泉. 二氧化氯与多环芳烃污染物的反应活性及机理研究[D]. 哈尔滨: 哈尔滨工业大学, 2005.

[179] 程锦. 甲醛去除实验研究[D]. 太原: 中北大学, 2015.

[180] Jin D S, Deshwal B R, Park Y S, et al. Simultaneous removal of SO_2 and NO by wet scrubbing using aqueous chlorine dioxide solution[J]. Journal of Hazardous Materials, 2006, 135: 412-417.

[181] 王春慧. 稳定性二氧化氯脱氮脱硫技术研究[D]. 太原: 中北大学, 2011.

[182] 唐念, 李华亮. 燃煤烟气氮氧化物吸收研究进展[J]. 北方环境, 2011, 23 (11): 121-122.

[183] Knoevenagel E. Condensation von malonsäure mit aromatischen aldehyden durch ammoniak und amine[J]. Berichte der deutschen Chemischen Gesellschaft banner, 1898, 31: 2596-2619.

[184] 唐婧亚, 韩金玉, 王华. 可脱除硫化氢的液体脱硫剂研究进展[J]. 现代化工, 2013, 33 (9): 22-26.

[185] Bakke J M, Buhaug J, Riha J. Hydrolysis of 1, 3, 5-tris(2-hydroxyethyl)hexahydro-s-triazine and its reaction with H_2S[J]. Industrial & Engineering Chemistry Research, 2001, 40 (26): 6051-6054.

[186] 李慧芳. 二氧化钛光催化技术治理室内甲醛的研究[D]. 郑州: 河南工业大学, 2018.

[187] 陈亦乐. 石墨相氮化碳聚合物的复合与结构调控及其光催化性能的研究[D]. 南京: 东南大学, 2017.

[188] 张川. Bi$_2$WO$_6$催化剂的合成及其光催化性能研究[D]. 北京: 清华大学, 2005.

[189] 吴嘉碧. 空气净化剂对空气中甲醛去除效果的研究[D]. 广州: 华南理工大学, 2013.

[190] 杨建军, 李东旭, 李庆霖, 等. 甲醛光催化氧化的反应机理[J]. 物理化学学报, 2001, 17 (3): 278-281.

[191] 齐虹. 光催化氧化技术降解室内甲醛气体的研究[D]. 哈尔滨: 哈尔滨工业大学, 2007.

[192] 全丽艳, 吕功煊. 草酸盐对甲醛光催化氧化降解过程促进作用的研究[J]. 分子催化, 2005, 19 (5): 376-382.

[193] 董凯. VOCs 光降解催化剂及设备研究[D]. 天津: 天津工业大学, 2018.

[194] 王贤亲. TiO$_2$ 改性及光催化降解气相苯系物的研究[D]. 天津: 天津大学, 2006.

[195] 王耀东. 碳、氮及硫共掺杂 TiO$_2$ 光催化剂制备及应用研究[D]. 西安: 西安科技大学, 2008.

[196] Zhu J F, Deng Z G, Chen F, et al. Hydrothermal doping method for preparation of Cr3$^+$-TiO$_2$ photocatalyts with concentration gradient distribution of Cr^{3+}[J]. Applied Catalysis B: Environmental, 2006, 62 (3-4): 329-335.

[197] Ihara T, Miyoshi M, Iriyama Y, et al. Visible-light-active titanium oxide photocatalyst realized by an oxygen-deficient structure and bu nitrogen dipong[J]. Applied Catalysis B Environmental, 2003, 42 (4): 403-409.

[198] Liu S X, Qu Z P, Han X W, et al. A mechanism for enhanced photocatalytic activity of silver-loaded tianium dioxide[J]. Catalysis Today, 2004, 93-95 (5): 877-884.

[199] Zhou M, Yu J, Liu S, et al. Effects of calcination temperatures on photocatalytic activity of SnO$_2$/TiO$_2$ composite films prepared by an EPD method[J]. Journal of Hazardous Materials, 2008, 154 (1-3): 1141-1148.

[200] Saleh J M, Hussian S M. Adsorption, desorption and surface decomposition of formaldehyde and acetaldehyde on metal films nickel, palladium and aluminum[J]. Journal of the Chemical Society, Faraday Transactions, 1986, 82: 2221-2234.

[201] Oki S, Mezaki R. Investigation of the rate-controlling step of the water gas shift reaction with use of various isotopic tracers[J]. Industrial & Engineering Chemistry Research, 1988, 27 (1): 15-21.

[202] Wang J L, Yunus R, Li J, et al. In situ synthesis of manganese oxides on polyester fiber for formaldehyde decomposition at room temperature[J]. Applied Surface Science, 2015, 357: 787-794.

[203] Zhou P, Yu J G, Nie L H, et al. Dual-dehydrogenation-promoted catalytic oxidation of formaldehyde on alkali-treated Pt clusters at room temperature[J]. Journal Materials Chemical A, 2015, 3: 10432-10438.

[204] Liu B T, Hsieh C H, Wang W H, et al. Enhanced catalytic oxidation of formaldehyde over dual-site supported catalysts at ambient temperature[J]. Chemical Engineering Journal, 2013, 232: 434-441.

[205] 赵子贤. 负载型金属氧化物催化剂催化燃烧处理含芳烃废气的研究[D]. 北京: 北京化工

大学, 2017.

[206] Mars P, van Krevelen D W. Oxidations carried out by means of vanadium oxide catalysts[J]. Chemical Engineering Science, 1954, 3(Supplement 1): 41-59.

[207] Everaert K, Baeyens J. Catalytic combustion of volatile organic compounds[J]. Journal of Hazardous Materials, 2004, 109 (1-3): 113-139.

[208] Weinberg W Henry. Eley-Rideal surface chemistry: direct reactivity of gas phase atomic hydrogen with adsorbed species[J]. Accounts of Chemical Research, 1996, 29 (10): 479-487.

[209] Wu H R, Ma S C, Song W Y, et al. Density functional theory study of the mechanism of formaldehyde oxidation on Mn-doped ceria[J]. The Journal of Physical Chemistry C, 2016, 120 (24): 13071-13077.

[210] 李欢乐. 羟丙基双季铵盐改性胍的合成与杀菌性能研究[D]. 西安: 陕西科技大学, 2017.

3 空气净化喷剂技术标准与风险控制

空气净化喷剂是一类主要用于减少或消除室内、车内空气中的有害气体，去除各种异味，改善空气质量的产品[1]。随着人们对生活、工作环境空气质量的日益关注，在进行空气治理的时候，除了空气净化器，不少消费者也会选择空气净化喷剂进行治理，但有部分生产商、经销商对喷剂产品的效果大肆宣扬，鼓吹其净化效果，导致一些劣质产品登上了空气净化治理的舞台，其治理效果参差不齐，有些产品非但起不到净化效果，反而造成了二次污染，严重损害了消费者的利益和健康。2018 年上海市质监局对上海市生产、销售的空气净化剂样品进行了甲醛净化性能和甲苯净化性能检测，并发布了《2018 年上海市空气净化剂产品主要质量指标检测结果》，结果显示 44 批次样品中，35 批次样品的甲醛净化效率不低于80%，合格率不到 80%，23 批次样品的甲醛净化效果持久性不小于 65%，合格率仅为 52.3%；30 批次样品甲苯净化效率低于 50%，最低的仅有 7%，不合格率为 68%，甲苯净化效果持久性低于 30% 的有 37 批次，最低仅为 3%，不合格率高达 84%。由此可见，目前市面上的净化剂产品存在较多问题，而且空气净化剂产品发展较快，需求也不断增长，因此空气净化喷剂市场亟须加以规范，用标准、法规引导市场健康发展，并做好净化喷剂市场的风险控制。

3.1 国内外空气净化喷剂技术标准

过去十几年中，整个社会对室内空气质量关注度持续增加，人们希望室内空间 (包括住宅和办公场所) 中拥有更高品质的空气，不仅要求消除空气中的细菌尘螨，还要求净化各种气态污染物。据此空气净化相关材料和设备厂家已生产出不同产品来满足住宅和商业环境中居住者的这些需求，这些产品包括空气净化器等设备和用于去除空气中污染物的空气净化喷剂以及用于消除异味的空气清新剂等。针对空气净化喷剂和空气清新剂，目前并无独立的技术标准，因此空气净化喷剂和空气清新剂产品在研发、生产、运输和使用过程中，必须遵守气雾剂产品的相关标准。

相对于空气净化喷剂的短暂发展历史，发明于 20 世纪 20 年代的气雾剂经过近一个世纪的生产和应用，已成为人类日常生活中不可或缺的产品。气雾剂产品的应用领域十分广泛，可用于个人卫生用品、家庭用品、除虫用品、医药用品、工业用品以及食品等，给人类生活带来了巨大便利。目前国际上气雾剂的生产主要集中在欧盟、美国和中国。据中国包装联合会气雾剂专业委员会发布的我国气雾剂行业2017年统计数据显示,2017年我国气雾剂产量达到了21.23亿罐,比上年增长了5%[2]。目前,世界各主要经济体都对气雾剂产品制定了严格的技术标准。这些标准从各个方面对气雾剂产品的包装、储运、易燃性等进行了明确规定,并且为气雾剂产品制定了全面的测试标准。

3.1.1　国内空气净化喷剂技术标准

改革开放以来,我国气雾剂产品的生产和使用都得到了迅猛发展,特别是近20年来,年平均增长率都超过了10%,目前我国已经超过日本和阿根廷,成为气雾剂产品的全球第三大产地。随着气雾剂行业的发展,国内相关部门也出台了相关标准,一方面可以提高产品质量,保障产品在生产、储运和使用中的安全性;另一方面,也推动了我国气雾剂行业与国际市场接轨,加入国际竞争。随着新标准的不断发布以及对已有标准的不断修订和更新,我国的气雾剂标准体系不断完善,对行业的发展起到了巨大的推进作用。表3-1中列出了目前我国主要气雾剂标准,分为安全、包装、测试、产品及标志几个大类。

表3-1　我国主要现行气雾剂相关标准

分类	标准号	标准名称
安全	GB 12268—2012	危险货物品名表
	GB 28644.1—2012	危险货物例外数量及包装要求
	GB 28644.2—2012	危险货物有限数量及包装要求
	GB 30000.4—2013	化学品分类和标签规范　第4部分:气溶胶
	GB 6944—2012	危险货物分类和品名编号
	AQ 3041—2011	气雾剂安全生产规程
	QB 2549—2002	一般气雾剂产品的安全规定
	GB 24330—2009	家用卫生杀虫用品安全通用技术条件
	GB 18218—2018	危险化学品重大危险源辨识
	SN/T 1180—2003	进出口喷雾罐安全检验规程
包装	BB/T 0006—2014	包装容器　20mm口径铝气雾罐
	GB/T 17447—2012	气雾阀
	BB/T 0075—2017	包装容器　制冷剂专用铝罐
	BB/T 0073—2017	包装容器　一片式铝质瓶
	GB/T 25164—2010	包装容器　25.4mm口径铝气雾罐
	GB 13042—2008	包装容器　铁质气雾罐
	BB/T 0028—2004	按压式真空定量泵
	BB/T 0009—1996	喷雾罐用铝材

续表

分类	标准号	标准名称
测试方法	GB/T 14449—2017	气雾剂产品测试方法
	GB/T 21630—2008	危险品　喷雾剂点燃距离试验方法
	GB/T 21631—2008	危险品　喷雾剂封闭空间点燃试验方法
	GB/T 21614—2008	危险品　喷雾剂燃烧热试验方法
	GB/T 21632—2008	危险品　喷雾剂泡沫可燃性试验
	SH/T 0243—1992	溶剂汽油碘值测定法
	SH/T 0118—1992	溶剂油芳香烃含量测定法
产品及标志	HJ/T 423—2008	环境标志产品技术要求　杀虫气雾剂
	HJ/T 222—2005	环境标志产品技术要求　气雾剂
	JB/T 6661—2015	喷雾器
	BB/T 0005—2010	气雾剂产品的标示、分类及术语
	QB 2548—2002	空气清新气雾剂

1. 安全标准

1）易燃性

气雾剂的易燃性主要来源于使用易燃性的溶剂和抛射剂，这一主要安全隐患得到了标准制定部门的广泛重视[3]。随着技术、工艺、配方的改变，目前非易燃气雾剂已经大量被研发使用，例如用水代替易燃有机溶剂等[4]。因此对气雾剂易燃性进行检测并对产品进行易燃性标识非常必要，这样有利于保障产品在包装、储存、运输、使用和废弃处置整个生命周期的安全性。

目前国际上气雾剂易燃性检测方法和分类标准有多种体系，如联合国《关于危险货物运输的建议书-规章范本》（TDG：Recommendations on the Transport of Dangerous Goods-Model Regulation）和《全球化学品统一分类和标签制度》（GHS：Globally Harmonized System of Classification and Labelling of Chemicals），欧盟关于气雾剂的指令以及欧盟化学品分类、标签与包装法规。我国关于气雾剂产品易燃性的国家标准主要有《危险货物品名表》（GB 12268—2012）、《危险货物例外数量及包装要求》（GB 28644.1—2012）和《危险货物有限数量及包装要求》（GB 28644.2—2012）。这三个标准的主要内容是从联合国中文版《关于危险货物运输的建议书-规章范本》。

气雾剂的易燃性分为三个级别：极易燃、易燃和非易燃。依据《关于危险货物运输的建议书-规章范本》（TDG）的分类，气雾剂为第 2 类危险货物："气体"，正式运输名称为"气雾剂"，联合国编号为"UN 1950"，该编号特殊条款 63 项规定气雾剂的危险性类别和次要危险性由气雾剂内装物的性质决定。适用下列规定：

(1) 如内装物按重量含有 85% 或以上的易燃物成分，且化学燃烧热在 30kJ/g 或以上，即适用 2.1 项易燃气体；

(2) 如内装物按重量含 1% 或以下的易燃物成分，且燃烧热不到 20kJ/g，即适用 2.2 项非易燃无毒气体[5]；

(3) 否则产品应按《关于危险货物运输的建议书-试验和标准手册》第三部分第 31 节规定的试验[6]，经过试验分类为极易燃或易燃气雾剂，应列入 2.1 项；非易燃气雾剂列入 2.2 项。

如果气雾剂含有任何按《全球化学品统一分类和标签制度》标准分类的易燃成分，则其应被分类为易燃液体、易燃气体或易燃固体[7]。《全球化学品统一分类和标签制度》对气雾剂规定了 3 个危险类别，而我国《危险化学品目录》中规定只将危险类别为 1 的气雾剂纳入管理范围。气雾剂危险类别的确定需要根据其易燃成分、化学燃烧热试验、点火距离试验和封闭空间试验的数据进行判定。

2) 生产安全

气雾剂产品的生产安全主要执行由国家安全生产监督管理总局发布的 AQ 3041—2011《气雾剂安全生产规程》，该标准的制定参照了欧洲气雾剂联合会 (European Aerosol Federation，FEA) 发布的《气雾剂生产基本安全指南》(第 2 版，2003 年 9 月) 和《气雾剂储存基本安全指南》(第 2 版，2005 年 9 月) 的部分章节。《气雾剂安全生产规程》对气雾剂生产的场地、防火消防、生产设施、压力容器、气体浓度、通风系统等做出了明确规定，特别是对充填和加压输送进行了强制性要求。对于生产过程中的工艺控制、静电防护、压力容器使用、剂料调配、喷头装配、废次品收集、槽罐作业处理、产品检验、成品储运搬运等也进行了详细规范。该生产规程还要求企业应以保证气雾剂生产过程安全、卫生、职业健康为目标，建立相应的安全管理体系，并对生产人员、管理人员的配置、上岗要求、培训等提出了有效建议[8]。

3) 储运安全

2012 年发布并实施的《危险货物品名表》(GB 12268—2012) 和《危险货物例外数量及包装要求》(GB 28644.1—2012) 中明确指出包括杀虫气雾剂在内的所有气雾剂，如果按照标准规定的方法进行运输，应一概视为普通货物进行储运[9]。在运输过程中，对气雾剂产品的易燃性和毒性必须进行明确标注。对于气雾剂的易燃性划分及其储运要求，已经在上文中提及，这里不再赘述。对于有毒性的气雾剂产品，喷雾器应有防意外排放的保护装置。仅装有无毒性成分且容量不超过 50mL 的喷雾器不作为危险货物运输。在票据或包件标记上，正式运输名称应有技术名称作补充。对于装有毒性物质的喷雾器或贮器，有限数量数值是 120mL；其他喷雾器或贮器，有限数量数值是 1000mL[10]。

对于在公路、铁路和内陆水道的运输：运输危险货物的公路车辆、火车和内陆水道船只的每个乘务人员，在运输过程中须随身携带有效身份证件。在需要和已经装备的情况下，应使用运输遥测或其他跟踪方法或装置，监测有严重后果的危险货物的流动。承运人应确保在运输有严重后果的危险货物的车辆和内陆水运船只上，装有防止车辆、内陆水道船只或其货物被盗的装置、设备或做出相应安排，并应确保这些装置、设备或安排随时可以使用和有效。货运运输装置的安全检查，应包括适当的安保措施。

2. 包装标准

气雾罐是指由阀门、容器、内装物(包括产品、抛射剂等)组成的完整压力包装容器，当阀门打开时，内装物以预定的压力、按控制的方式释放。作为气雾剂的承载容器，气雾罐是气雾剂承压的重要部件。气雾罐的质量状况决定了气雾剂产品的安全性和有效期，承压能力不足可能随时导致破损甚至爆炸；密封性不良易于引起渗漏，使喷雾功能消失；内涂层不良，涂层容易脱落以致碎片堵塞阀门，甚至可能引起罐壁腐蚀穿孔[11]。因此气雾罐的生产制造受严格监管，必须进行严格的质量检验。同时，作为危险品包装的气雾罐，对外贸易需要满足国际上更高的质量要求，由此推动了我国气雾罐标准化不断发展。

我国气雾罐标准主要参照欧洲气雾剂联合会标准及欧盟 EN 标准。1991 年我国首个气雾罐国家标准《包装容器　喷雾罐》(GB 13042—1991)正式发布，该标准于 1998 年和 2008 年进行了 2 次修订，现行标准为《包装容器　铁质气雾罐》(GB 13042—2008)[12]。其他相应的标准还有《包装容器　20mm 口径铝气雾罐》(BB/T 0006—2014)[13]、《包装容器　25.4mm 口径铝气雾罐》(GB/T 25164—2010)[14]等(表 3-1)。

1) 金属气雾罐

GB 13042—2008 中规定了容量 1 L 以内、口径为 25.4mm 的镀锡(铬)薄钢板制成的气雾罐的技术要求，并从外观、尺寸、耐压性能、相容性和涂层等几个方面对铁质气雾罐做出了明确规定，表 3-2 对这些要求做了概述。

表 3-2　铁质气雾罐质量与要求

项目	内容	要求
外观要求	印刷质量	印刷质量应符合《包装装潢镀锡(铬)薄钢板印刷品》(QB/T 1877)的规定
	外观	两片罐缩颈处不应有裂缝及明显的皱纹、凹陷及机械损伤。三片罐卷口光滑，不得有褶皱、裂纹和变形，焊缝平滑
		罐体平整、无锈斑，有内涂的罐，内涂层均匀，不应有凸起和杂质

续表

项目	内容	要求
尺寸要求	罐口外径	(31.20 ± 0.20)mm
	罐口内径	(25.40 ± 0.10)mm
	罐口接触高度	(4.00 ± 0.15)mm
	罐口卷边半径	1.45mm
	罐高	罐高偏差为± 1.0mm
材质要求	镀锡薄钢板	镀锡薄钢板性能应符合 GB/T 2520 的规定
	涂覆镀锡(或铬)薄钢板	涂覆镀锡(或铬)薄钢板的附着力、抗冲击性应符合 QB/T 2763 的规定
卫生要求		用于盛装食品、化妆品、药品的气雾罐,应符合国家相关卫生规定
耐压要求	变形压力	普通罐 1.2MPa,高压罐 1.8MPa,不变形
	爆破压力	普通罐 1.4MPa,高压罐 2.0MPa,不破裂
	气密性能	0.8MPa,不泄露
相容性要求		用户应根据盛装内容物不同,对气雾罐进行产品相容性试验并予以确认
补涂和涂层要求	焊缝补涂完整性	有焊缝补涂的气雾罐,经试验后应无线状腐蚀或密集腐蚀点
	内外涂层附着力	不低于二级
	外涂层硬度	≥ 2 H

GB/T 25164—2010 规定了口径为 25.4mm 的、容积不大于 1L 的铝质气雾罐的技术要求,并从外观、尺寸、卫生要求、耐压性能、相容性和涂层质量等几个方面对铝质气雾罐做了明确规定(表 3-3)。

表 3-3 铝质气雾罐质量与要求

项目	内容	要求
外观要求	印刷质量	印刷图文清晰、完整,与样本颜色相符。图文套印准确,印刷主要部位无明显划伤,次要部位轻微划伤(不大于 0.3mm×20mm)不超过 3 处
	外观	罐收颈处不应有裂缝及明显的皱纹、凹陷及机械损伤,罐体平整,有内涂的罐,内涂层均匀完整
尺寸要求	罐口外径	(31.30 ± 0.20)mm
	罐口内径	(25.40 ± 0.10)mm
	罐口接触高度	(4.25 ± 0.20)mm
	罐口卷边半径	1.50mm
	罐高	罐高偏差为± 0.5mm
	罐外径	罐外径偏差为± 0.2mm

续表

项目	内容	要求
材质要求	铝材	铝材性能应符合 BB/T 0009 的规定
卫生要求		对于盛装食品、化妆品、药品等产品的铝气雾罐,应符合国家相关卫生规定
耐压要求	变形压力	≥1.2MPa
	爆破压力	≥ 1.4MPa
	气密性能	气密试验(0.8MPa,1min):不泄漏
相容性要求		用户应根据盛装内容物不同,对气雾罐进行产品相容性试验并予以确认
涂层质量要求	内外涂层附着力	内外涂层附着力试验:涂层不脱落
	外涂层硬度	≥2H
	内外涂层固化实验后	涂层不脱色
	耐热性能	耐热试验(55℃,15min):内外涂层不脱落、不起皱
	内涂层完整性	电流小于等于 30mA

2) 金属气雾罐检测

关于 GB 13042—2008 和 GB/T 25164—2010 对金属气雾罐的质量要求,表 3-4 总结了相应的检测方法。

表 3-4 金属气雾罐检测方法

项目		检测方法
外观		印刷在自然光或 40W 灯光下,距离 0.6m 之处目测。印刷图文清晰、完整,与样本颜色相符,图文套印准确,印刷主要部位无明显划伤,次要部位轻微划伤(不大于 0.3mm×20mm)不超过 3 处
尺寸		气雾罐口的内、外直径、罐高用专用的通止规或游标卡尺测定(精度为 0.02mm)。接触高度用接触高度百分比测量。卷边半径用专用半径仪测量
内、外涂层附着力	划格法	将划线规置于测量处,用划线刀按划线规横刀 11 次,纵刀 11 次,间距为 1mm。然后把胶纸贴于已划线处,用手指按擦至完全贴紧后,用力迅速撕开胶纸,观察涂层的情况。测试内涂层附着力时须将罐体剖开,展平再作测定
	划圈法	按《漆膜附着力测定法》(GB/T 1720—1979)方法进行
外涂层硬度		按《色漆和清漆 铅笔法测定漆膜硬度》(GB/T 6739)方法进行
气密性试验		将样罐装在水浴试验仪上,浸入水中充气加压至 0.80~0.85MPa,观察整个罐体 1min 内是否有气泡冒出
变形压力和爆破压力		将样罐内注满清水,插入密封头,旋(夹)紧后,将罐内充水加压逐渐升高至变形压力规定值,保持 10s,观察罐体有无永久性变形。继续升压至爆破压力规定值,保持 10s,观察罐体是否爆裂

项目	检测方法
铝罐内涂层完整性	将氯化钠水溶液注入样罐内至液面距离罐口 6mm 处,然后把样罐放在测定仪的罐台上,按照仪器使用规程进行操作,读出第 4 秒的电流值
内外涂层固化试验	蘸少许丙酮于脱脂棉上,用食指均匀地用力将脱脂棉在罐的受试部位来回揉拭 20 次,检查涂膜有无破损现象,脱脂棉是否变色,涂膜没有明显的破损现象,脱脂棉不变色为合格。内涂层需剖开展平试验

3)塑料气雾罐

由于自身性能限制,塑料及玻璃气雾罐未能大量推广,所占比例不到全球气雾罐总量的 1%[11]。近年来,由于有色金属储量减少以及冶炼行业能耗较高等问题,塑料气雾罐受到了业内的广泛重视,特别是在欧美、日本等发达国家。现代塑料气雾罐的首个标准是由英国运输包装标准政策委员会(Packaging and Freight Containers Standards Policy Committee)于 1991 年制订的 BS 5597:1991《容量最大为 1000mL 的不可再填充的塑料气雾罐规格》(Specification for non-refillable plastics aerosol dispensers up to 1000mL capacity)。2007 年,欧洲气雾剂联合会发布了建议标准 FEA 647 Plastic aerosol dispensers-Technical requirements(塑料气雾罐-技术要求)。

从欧洲标准来看,与金属气雾罐相比,塑料气雾罐的标准项目有显著差别,主要包括罐口尺寸、气雾阀密封尺寸、老化试验、跌落试验、耐高温试验等。目前,我国塑料气雾罐的国家标准和行业标准仍为空白,亟待制订相关标准以解决行业和产品的广泛需求。

3. 测试标准

气雾剂产品的测试主要遵循《气雾剂产品测试方法》(GB/T 14449),该标准最早发布于 1993 年,于 2008 年和 2017 年进行两次修订。目前最新版本为 GB/T 14449—2017。GB/T 14449 在制定的过程中主要参照了美国材料与试验协会(ASTM)的相关标准,如 ASTM D3074《金属气雾罐内压测试方法》、ASTM D3065《气雾剂产品可燃性的标准测试方法》、ASTM D3090《气雾剂产品存储的标准规程》、ASTM D3077《气雾剂产品喷雾图样比较的规程》以及 ASTM D3069《气雾剂产品喷出速率的标准测试方法》。此外,标准的制定还参考了英国国家标准 BS 3914《50mL-1400mL 容量和直径不超过 85mm 的一次性使用的金属喷雾器规范》以及联合国《关于危险货物运输的建议书-试验和标准手册》。

《气雾剂产品测试方法》规定的测试内容主要包括包装、容器耐贮性与内容物稳定性、产品使用性能、充装要求和安全性能五大部分。表 3-5 中总结了 GB/T

14449—2017 中规定的气雾剂测试的相关设备和方法[15]。

表 3-5　气雾剂产品检测方法总结

测试内容一：包装	
项目	测试方法和标准
气雾罐耐压性能	气雾罐的耐压性能测试主要包括气密性能试验、变形压力和爆破压力测试。 　　气密性能试验仪器：气雾罐气密性水浴试验仪；测试方法：将样罐装在水浴试验仪上，浸入水中充气加压至 0.80～0.85MPa，观察整个罐体 1min 内是否有气泡冒出。 　　变形压力和爆破压力测试仪器：气雾罐爆破压力测定仪，压力范围 0～6.0MPa；测试方法：在样罐内注满清水，插入密封头，旋（夹）紧后，将罐内充水加压逐渐升高至变形压力规定值，保持 10s，然后卸压，观察罐体有无永久性变形。然后再重新升压至爆破压力规定值，保持 10s，观察罐体是否爆破
气雾阀固定盖耐压性能	测试仪器为： 　　(1) 压力试验仪，压力表精度 1.6 级，量程 0～2.5MPa； 　　(2) 专用百分表，测量范围 0～10mm，分度值 0.01mm。 　　测试方法：将样品用专用百分表测量固定盖小凸台高度 h 值后放入压力试验仪，加压至 1.8MPa 并保持 1min，卸压后取出样品，再用专用百分表测量 h 值，两次测量的变化值 $\Delta h \leqslant 0.30$mm 为合格
封口尺寸	测试仪器为： 　　(1) 封口直径表：测量范围 26～28mm，精度 0.01mm； 　　(2) 封口深度表：测量范围 1.25～6.25mm，精度 0.01mm； 　　(3) 数显游标卡尺：测量范围 17～20mm，精度 0.01mm； 　　(4) 专用封口深度精微测量仪：测量范围 3.00～8.00mm，精度 0.01mm。 　　测试步骤：在 -5～35℃测量环境条件下，对气雾阀与气雾罐配合的封口直径和封口深度进行测量
测试内容二：容器耐贮性与内容稳定性	
项目	测试方法和标准
容器耐贮性	容器耐贮性测试包括对正立式放置和倒立式放置以及动态贮存和静态贮存的测试，测试的内容包括：①密封性能测试，测定贮存过程的泄漏量；②测试喷雾速率和雾粒粒径；③检查阀门的喷雾功能及阀门部件中的金属、塑料、橡胶件有无被蚀、脆化、软化、硬化、收缩、过度膨胀等现象以及紧固性是否正常；④检查容器有无变形，内壁中各部位如顶部、底部、罐身的气相和液相位置、深隙处以及同阀门相接合的部位有无腐蚀等变化；⑤内容物的检测需要观察内容物颜色的变化、是否有沉淀物、泥状物。若发现有腐蚀或怀疑有腐蚀现象，建议检测产品的水分、铁含量及锡含量
内容物稳定性	内容物稳定性的测试内容为：①理化性能指标的测试，包括气味、色泽、相态、内压以及该试样标准中的其他理化指标，按该试样标准中的相应试验方法进行测试；②功能的测试，包括试样标示的使用功能效果和试样标准中的功能指标项目

测试内容三：产品使用性能	
项目	测试方法和标准
喷程	喷程的测量步骤为：取三罐试样，按试样标示的喷射方法，排除充装操作时滞留在阀门和(或)吸管中的推进剂或空气；将试样置于25℃恒温水浴中，恒温30min后取出试样，擦干，摇动试样6次；按试样标示的喷射方法，在标尺的刻度为零处，净容量小于或等于400mL，连续喷射3s；净容量大于400mL，连续喷射5s(采用定量阀门可喷射3次)。喷射时保持雾束中心线与标尺平行和等高，记下雾束中心线在雾粒开始下坠或湍流处标尺的刻度。再重复两次，取平均值；依此方法测试第二、第三罐试样，三罐测试结果的平均值即为该产品的喷程
喷角	喷角的测试是通过喷雾在一定距离喷射在牛皮纸上，并通过测量纸上喷雾图样的直径和喷雾距离进行计算的，具体步骤为：取三罐试样，按试样标示的喷射方法，排除充装操作时滞留在阀门和(或)吸管中的推进剂或空气；然后将试样置于25℃恒温水浴中，使水浸没罐身，恒温30min后取出试样，擦干，摇动试样6次；试样定位，使阀门对准牛皮纸，并且阀门与牛皮纸中心处在同一水平线上。调节阀门与牛皮纸间的距离，使接收处于最佳状态。喷雾较大的产品选择距牛皮纸10~15cm处喷射；调节电动转盘转速，使喷射到牛皮纸上的粒子密度适中，以获得较为完整的雾型；测试完毕取下牛皮纸，测量喷雾束在纸上留下的整体图形的直径和试样至牛皮纸的距离。通过公式即可计算出该喷雾剂产品的喷角。依此方法测试第二、第三罐试样，三罐测试结果的平均值即为该产品的喷角
雾粒粒径及其分布	雾粒粒径及其分布测试使用激光衍射粒径分析仪进行测试，具体步骤为：取三罐试样，按试样标示的喷射方法，排除充装操作时滞留在阀门和(或)吸管中的推进剂或空气；然后将试样置于25℃恒温水浴中，使水浸没罐身，恒温30min后取出，擦干，摇动试样6次；调节激光衍射粒径分析仪至工作状态，稳定15min后测量背景；然后将试样定位，使喷射雾束中心线与激光束处于同一平面，并保持垂直，距激光束不同的距离处喷射，检查试样的遮光率。当遮光率数值达0.1~0.5范围时，将试样定位；再次喷射采集5s，得到结果，每罐重复测试三次，取平均值；依此方法测试第二、第三罐试样，三罐测试结果的平均值即为该产品的雾粒粒径及其分布
喷出速率	喷出速率测试使用秒表记录喷出时间 t，并记录在喷出时间内喷出的液体质量 Δm，以此计算喷出速率，具体步骤为：取三罐试样，按试样标示的喷射方法，排除充装操作时滞留在阀门和(或)吸管中的推进剂或空气；然后将试样置于25℃恒温水浴中，使水浸没罐身，恒温30min后取出，擦干，摇动试样6次。称重测量出初始质量，喷射一段时间后再测出最终质量，根据最终质量和初始质量的差值 Δm，和喷射时间计算出喷射速率。依此方法测试第二、第三罐试样，三罐测试结果的平均值即为该产品的喷出速率
一次喷量	一次喷量的测定适用于定量阀门的气雾剂产品，取测试样品4瓶，除去帽盖，室温下揿压阀门试喷数次后，擦净，精密称定，揿压阀门喷射1次，擦净，再精密称定，前后两次重量之差为1个喷量。按上法连续测出3个喷量；不计重量揿压阀门连续喷射10次；再按上法连续测出3个喷量；再不计重量揿压阀门连续喷射10次；最后再按上法连续测出4个喷量。计算每瓶10个喷量的平均值。依此方法测试第二、第三、第四罐试样，四罐测试结果的平均值即为该产品的一次喷量
喷出率	喷出率为可喷出内容物的质量和喷雾剂净质量的比值，具体的测量步骤如下：取三罐试样，并置于25℃恒温水浴中，使水浸没罐身，恒温30min后摇动6次，擦干后称取质量。喷射至无法喷出内容物后称取质量，之后将气雾罐打开清除残余液体后进行称重。利用喷出的内容物的质量和全部内容物质量的比值计算出喷出率。依此方法测试第二、第三罐试样，三罐测试结果的平均值即为该产品的喷出速率

续表

测试内容四：充装要求	
项目	测试方法和标准
净质量	气雾剂产品的净质量为气雾罐中所有内容物的质量，具体测量方法为称量试样的质量后，将内容物喷射完全后再清除残余液体，再次称量试样质量。用试样总质量减去清除余液后的试样质量即可得到试样的净质量
净容量	净容量的测定是利用一个可与气雾罐通过塑料管联通的玻璃气雾剂试管测量出气雾罐内容物的密度后，在通过气雾罐的净质量即可计算获得。必须注意的是：本方法不适用于使用定量阀门和有气相旁孔阀门的气雾剂产品，以及非均相气雾剂产品
泄漏量	泄漏量的测试包括常温贮存泄漏量的测试和高温贮存泄漏量的测试。通过取10～20罐样品称重后在常温或高温下贮存一段时间后再次称重，从而测量出试样的泄漏量
充填率	充填率的测试与测试净容量方法类似。测试完净容量后再用25℃的水测量出罐体的容积，净容量与罐体容积之比即为样品的充填率

测试内容五：安全性能	
项目	测试方法和标准
内压	取三罐试样，按试样标示的喷射方法，排除充装操作时滞留在阀门和(或)吸管中的推进剂或空气；拔出阀门促动器后，置于所要求温度的恒温水浴中，使水浸没罐身，恒温时间不少于30min。戴厚皮手套，摇动试样6次(试样标明不允许摇动罐体除外)，将压力表进口对准阀杆，产品正立放置，用力压紧，压力表指针稳定后，记下压力读数并重复步骤两次，取平均值。依此方法测试第二、第三罐试样。三次测试结果平均值即为该产品的内压
喷出雾燃烧性	喷出雾燃烧性测试按照《危险品　喷雾剂点燃距离试验方法》(GB/T 21630—2008)[16]，《危险品　喷雾剂封闭空间点燃试验方法》(GB/T 21631—2008)[17]，以及《危险品　喷雾剂泡沫可燃性试验》(GB/T 21632—2008)[18]所规定的测试方法进行测试

3.1.2　美国空气净化喷剂技术标准

美国是气雾剂产品的主要生产国和消费国。因此，规范气雾剂产品的质量和安全性在美国对整个产业的运行和发展也起着非常积极的推进作用[19]。由于美国是一个联邦制国家，各个州都有相应的立法权，各个行业协会也有很大的话语权，因此整个标准和规章体系比较复杂。但从联邦层面上整体来看，美国有关气雾剂类的产品的法规和标准主要有以下几类：

(1)联邦政府机构制定的相关法规，主要涉及的政府机构有消费品安全委员会 (Consumer Product Safety Committee，CPSC)、交通部 (Department of Transportation，DOT)、美国国家环境保护局 (United States Environmental Protection Agency，EPA)、联邦贸易委员会 (Federal Trade Commission，FTC)、食品药品监

督管理局(Food and Drug Administration，FDA)、美国国家标准与技术研究院
(National Institute of Standards and Technology，NIST)、美国职业安全与健康管理
局(Occupational Safety and Health Administration，OSHA)等。

（2）行业标准，主要有美国消防协会(National Fire Protection Association，
NFPA)制定的防火标准和美国材料与试验协会(American Society for Test and
Material，ASTM)制定的一系列测试标准。

（3）商业标准，主要是由消费者专业产品协会(CSPA，现更名为家用和商用产
品协会 HCPA)制定的《气雾剂指南》(aerosol guide)。

1. 联邦政府机构法规

美国联邦政府机构制定的关于气雾剂产品的相关法规如表 3-6 所示。

表 3-6　美国联邦政府机构对气雾剂产品所制定的相关法规

政府部门	法规名称	概述
消费品安全委员会 CPSC	联邦有害物质法案 (FHSA)	联邦有害物质法案(FHSA)要求对危险家用产品的直接容器添加预防性标签，以帮助消费者安全地储存和使用这些产品，并向他们提供有关在发生事故时立即采取急救措施的信息
交通部 DOT	联邦法规(CFR)CFR 49，§100-185	主要针对气雾剂产品进行了分类，并对运输安全进行了规定。在该法规中，气雾剂产品根据在 54.4℃温度下内压不同，被分为三个等级：2N、2P 和 2Q。不同等级气雾剂产品执行相应的运输安全规定
美国国家环境保护局 EPA	联邦法规(CFR)CFR 40，§273	对气雾罐作为固体废弃物的处理和回收做出规定
	联邦杀虫剂、杀真菌剂和灭鼠剂法案(FIFRA)	对气雾罐作为固体废弃物的处理和回收做出规定
	臭氧消耗规定 ODR	对气雾剂产品中对臭氧层有破坏的化学品做出了规定
	消费品 VOC 规定	对消费品气雾剂产品中的 VOC 种类和含量做出规定
联邦贸易委员会 FTC	16 CFR Parts 500-503 公平包装和标签法案 (FPLA)	对气雾剂的包装和使用说明进行了规定
食品药品监督管理局 FDA	联邦食品、药品和化妆品法案(FDCA)	在美国销售的化妆品，无论是在这里生产还是从国外进口，都必须符合《联邦食品、药品和化妆品法案》(FDCA)和《公平包装和标签法》(FPLA)的标签要求，以及美国食品药品监督管理局根据这两项法律颁布的规定
美国国家标准与技术研究院 NIST	NIST Handbook 130 统一包装和标签规定(UPLR)	气雾剂包装和类似的加压包装上的数量声明应表明按重量计算的商品(包括推进剂)的净含量
美国职业安全与健康管理局 OSHA	29 CFR 1910	对可燃性气雾剂和喷雾产品在工作环境中的使用做出了规定

此外，美国政府使用商品描述(CID)来简明描述商业产品最重要特征。CID是美国政府的官方采购文件，它们在联邦系列中拥有的唯一编号和显著的日期，以方便参考。如空气清新剂产品的CID编号为A-A-267C。在该CID文件中明确总务管理局已授权使用此项商业项目描述，并可适用于所有联邦机构。

2. ASTM 检测测试标准

ASTM 国际(ASTM International)原名为美国材料与试验协会(American Society for Test and Material)，成立于1898年，是目前世界上最大的非官方标准学术团体之一。ASTM 标准虽是非官方标准，但因其标准质量较高、适用性很强，所以在世界各国都得到了广泛应用。我国的气雾剂产品测试标准《气雾剂产品的测试方法》(GB/T 14449—2017)也主要参考了 ASTM 的相关标准。

表 3-7　美国 ASTM 标准简介

ASTM D7952—2015	测量气雾剂产品潜在吸入性的标准试验方法(Standard Test Method for Measuring Aspiration Potential of Aerosol Products)
简介	(1)本测试方法涵盖小规模的实验室程序,通过确定喷雾模式和气雾剂沉积速率来确定气雾剂产品的吸入潜力。 (2)本测试方法的制定是为了解决需要确定哪些气雾剂产品可能存在吸入风险,从而制定特殊标签和儿童安全包装。 (3)虽然这种方法可能对测试非加压气雾剂产品有用,但本方法的开发仅限于测试加压气雾剂
ASTM D3065-01(2013)	气雾剂产品可燃性的标准测试方法(Standard Test Methods for Flammability of Aerosol Products)
简介	(1)这些测试方法涵盖了气雾剂产品可燃性危害的测定。 (2)测试方法按顺序包括了火焰投影测试和封闭罐测试。 (3)这些测试方法应用于测量和描述受控实验室条件下材料、产品或组件的响应热和火焰的性能,不应用于描述或评估材料,产品或材料的火灾危险或火灾风险,或实际火灾情况下的组件。然而该测试的结果可以用作火灾风险评估的要素,该评估考虑了与特定终端用途气雾剂产品火灾风险评估有关的所有因素
ASTM D3069-94(2013)	气雾剂产品喷出速率的标准测试方法(Standard Test Method for Delivery Rate of Aerosol Products)
简介	(1)本测试方法涵盖气雾剂产品喷出速率的测定。 (2)本标准不旨在解决与其使用相关的所有安全问题(如果有的话)。本标准的使用者有责任确保适当的安全性和健康性,并在使用前确定监管限制的适用性
ASTM D3090-72(2016)	气雾剂产品储存的标准规程(Standard Practice for Storage Testing of Aerosol Products)

续表

简介	(1)这个测试方法涵盖了气雾剂产品的储存测试。 (2)可以在喷雾剂产品上进行两种主要类型的储存测试。 (3)实时存储测试,打开阀门并在相对较短的时间间隔进行测试(目的是模拟消费者使用气雾剂产品)。 (4)长期存储测试,模拟仓储存放条件以便得到气雾剂产品保质期的信息
ASTM D3089-97(2017)	测量气雾剂阀填料斜管 A-D 尺寸的标准操作规程(Standard Practice for Determining the A-D Dimension of Aerosol Valve Dip Tubes)
简介	包括快速确定 A-D 尺寸,定义为从阀安装杯卷曲的顶部平面到汲取管远端的中心线尺寸,但仅限于 1 英寸的阀门(25.4mm)的球支撑座
ASTM D3061-97(2013)	三铰钢和马口铁制直壁和边缘向内弯曲的气雾罐标准指南(Standard Guide for Three-Piece Steel and Tinplate Straight-Wall and Necked-In Aerosol Cans)
简介	为了保持质量一致性,气雾剂行业制定了尺寸指导方针,建议采用美国三铰钢制和马口铁制气雾罐直壁和边缘向内弯曲设计。美国气雾罐制造商一致同意遵守这些指导方针,并对其发展起到了重要作用。还制定一系列标准方法和量具以统一确定具体尺寸。气雾罐制造和灌装工艺的变化可基于这些尺寸的公差允许范围
ASTM D3094-00(2010)	气雾剂产品泄漏率的标准测试方法(Standard Test Method for Seepage Rate of Aerosol Products)
简介	(1)本测试方法涵盖了在相对较短的时间内通过收集和测量通过阀门进入特殊测量管的气体的测量,确定由于气雾剂产品的阀门渗漏造成的近似质量损失。 (2)可以证明,当相应的质量损失为 0.10 盎司(2.9 立方厘米)/年时,平均制冷填充喷雾剂产品的渗透程度约为 3.0mL。这个数字部分基于空气含量,并且根据充装条件而变化。这种测试方法在应用于加压、未净化的气雾剂产品时被认为是不可靠的
ASTM D3076-00(2010)	气雾罐外部卷合阀的有效卷合度的标准试验方法(Standard Test Methods for Effective Crimping on Outside Crimped Valves of Aerosol Containers)
简介	(1)标准中测试方法涵盖了容器和阀门广泛参数范围内外部卷合阀门的有效卷合度。 (2)测试方法包括:光学比较测试方法和卡尺测试方法
ASTM D3064-97(2013)	与气雾剂产品有关的标准术语(Standard Terminology Relating To Aerosol Products)
简介	本标准定义气雾剂行业中使用的有关术语
ASTM D3091-72(2016)	低压加压产品安全充填的标准规程(Standard Practice for Safe Filling of Low-Pressure Pressurized Products)
简介	(1)本标准实施规程包括在实验室或生产中充填低压加压产品。 (2)以英寸–磅单位表示的数值应被视为标准数值。括号中给出的数值是对 SI 单位的数学转换,仅用于提供信息而不被视为标准。 (3)本标准不旨在解决与其使用相关的所有安全问题(如果有的话)。本标准的使用者有责任确定适当的安全和健康性,并在使用前确定监管限制的适用性

3. NFPA 防火标准

美国消防协会(National Fire Protection Association,NFPA)成立宗旨为推行科

学的消防规范和标准，开展消防研究、教育和培训；减少火灾和其他灾害，保护人类生命财产和环境安全，提高人们的生活质量。NFPA 针对气雾剂产品的标准为 NFPA 30B《气雾剂产品生产与储存规范》。

在制定 NFPA 30B《气雾剂产品生产与储存规范》之前，NFPA 30《易燃和可燃液体规范》中规定了可燃气雾剂储存的防火要求，NFPA 30B 标准于 1990 年被首次发布，并于 1994 年、1998 年、2007 年、2012 年、2015 年、2018 年进行了多次修订，目前使用的版本为 2018 版。

4. CSPA 标准指南

消费者专业产品协会(CSPA，现更名为家用和商用产品协会 HCPA)是美国的喷雾剂行业协会。CSPA《气雾剂指南》为气雾剂行业提供了标准、规格、测试方法、法规信息以及对气雾剂产品行业中所有公司都至关重要的其他文件。目前最新的版本为 2009 年的第 9 版，其中包含 130 多份文件，大部分内容是对第 8 版中做出的重大修订。

3.1.3 欧盟空气净化喷剂技术标准

欧洲针对气雾剂产品的标准和规范也主要分为三个部分：

(1)欧盟和欧洲议会发布的法律法规如欧盟气雾罐法令、EU CLP 法规、REACH 规章、包装与包装废弃物指令等(表 3-8)。

(2)国际标准组织标准(ISO 标准)、欧盟标准(EN 标准)或其他欧盟国家的国家标准，如英国的 BS 标准和德国的 Din 标准。

(3)欧洲气雾剂联合会颁布的一系列 FEA 标准。

1. 欧盟气雾剂相关法令

表 3-8　欧盟气雾剂相关法令简介

欧盟气雾罐法令(ADD 标准)
Aerosol Dispensers Directive(ADD) 75/324/EEC
ADD 75/324/EEC 包括与易燃性和压力危害有关的具体要求，基于该标准，气雾罐的设计、构造和测试需要满足其使用的安全要求。例如，每个气雾剂产品必须在热水浴(50℃)或经批准的等效替代品中进行测试，以确保气雾罐具有足够的耐压性并且几乎保持密封[20]。 ADD 包含一个连贯且用户友好的文本，其中包含与所有气雾罐相关的规定

续表

欧盟化学品分类、标签和包装法规(EU CLP 法规)

The Classification, Labelling and Packaging of Substances and Mixtures (CLP) Regulation (EC) No 1272/2008

CLP 法规将关于化学品分类、标签和包装的欧洲立法与联合国《全球化学品统一分类和标签制度》(联合国 GHS)结合起来。其主要目标是促进化学品的国际贸易，并维持现有的人类健康和环境保护水平。于 2009 年 1 月 20 日开始执行，逐步取代了欧盟原有的两个指导意见：Directive 67/548/EEC(危险物质的分类与标签)和 Directive 1999/45/EC(配制品的分类与标签)。分类是检测化学品物化性质以及危害人类健康的前提，分类之后是确定危险性标签，在确定危险性标签过程中，不同的危害性对应相应的标签元素(如警告符号、危险短语和安全短语)，最后，这些标签元素需要列在危险化学品的安全技术说明书(如 SDS)中，以及粘贴在包装外面

欧盟化学品注册、评估、许可和限制规章(REACH 规章)

Regulation Concerning the Registration, Evaluation, Authorization and Restriction of Chemicals(REACH Regulation)

REACH 规章是欧盟建立的，并于 2007 年 6 月 1 日起实施的化学品监管体系，旨在改善人类健康和保护环境，使其免受化学品可能带来的危害，同时提高欧盟化学品行业的竞争力。它还促进了物质危害评估替代方法的发展，减少了动物试验次数。

原则上，REACH 适用于所有化学物质；不仅是在工业过程中使用的那些，而且在我们的日常生活中，例如在清洁产品、油漆以及衣服、家具和电器等物品中。因此，该法规对整个欧盟的大多数公司都有影响。

REACH 将举证责任放在公司身上。为遵守法规，公司必须识别和管理其在欧盟制造和销售的物质相关的风险。他们必须向欧洲化学品管理局(ECHA)证明如何安全地使用该物质，并且他们必须将风险管理措施传达给用户。如果无法管理风险，当局可以以不同方式限制物质的使用。从长远来看，最危险的物质应该用危险性较小的物质代替

包装和包装废弃物指令

Packaging and Packaging Waste Directive 94/62/EC

包装和包装废弃物指令涵盖了欧盟市场上所有包装和包装废弃物，无论是在工业、商业、办公室、商店、服务场所、家庭或任何其他级别使用的材料，成员国必须引入回收或收集旧包装的系统，以便在含有金属的包装废弃物中金属的最低回收目标达到 50%。

气雾罐通常由钢或铝制成，是具有市场需求的可回收材料。目前的回收趋势表明，气雾罐可以有效地包含在普通家庭废物包装流中而不会引起关注。大量用完的气雾剂罐已在世界各地成功回收

MAC 指令和含氟气体法规

MAC Directive 2006/40/EC & F-gas Regulations

为控制含氟温室气体(含氟气体)，包括氢氟碳化合物(HFCs)的排放，要求 2030 年 HFCs 配额削减 79%。欧盟采取了两项立法法案：小型汽车空调系统的"MAC 指令"和"含氟气体法规"涵盖了使用含氟气体的所有其他关键应用。

MAC 指令要求自 2017 年 1 月 1 日起所有在欧洲销售的车辆必须采用全球变暖潜值低于 150 的制冷剂。

含氟气体法规遵循两个行动方针：

(1)改善和防止含有含氟气体设备的泄漏，措施包括：控制气体和适当回收设备；对人员和处理这些气体的公司培训和认证；含氟气体设备的标签。

(2)避免使用含氟气体，环境优越的替代品具有成本效益。从 2015 年开始，投放欧盟市场的氢氟碳化合物将受到数量上的限制，并将随着时间的推移逐步减少[21]。此外，措施包括限制某些产品和含氟气体的设备的营销和使用

挥发性有机化合物油漆规章

VOC Paint Regulation 2004/42/EC

挥发性有机化合物油漆规章针对某些油漆和清漆以及车辆修补产品中有机溶剂设定了 VOC 排放限值。该指令修订了 VOC 溶剂指令 1999/13/EC，确定了装饰涂料和其他特定产品中 VOC 含量的最大限值。自 2007 年 1 月以来，"汽车"涂料气雾剂在"特殊饰面"类别下被规定为"车辆修补产品"。它们占欧盟内部制造的所有涂料气雾剂 50%左右。根据该指令审查条款的要求，对可能进一步减少 VOC 排放的措施进行了评估(即指令范围的扩大和车辆修补产品的 VOC 限值的收紧)[22]。 然而，即使对很多种不同的产品进行管理，也只能提供少量的潜在减排量，这将带来严重的实施问题以及增加管理负担和成本。特别是在消费者行为的不确定影响以及调节非涂层产品的行政负担增加方面仍然存在重大问题

2. ISO 标准

ISO 关于气雾剂的标准主要包括两个气雾罐标准：

(1)ISO 90-3—2000《轻型金属容器-定义和尺寸、容量的测定-第 3 部分：气雾罐》(Light gauge metal containers-Definitions and determination of dimensions and capacities-Part 3：Aerosol cans)。该标准定义了圆形气雾罐的直径、孔径、结构、形状和容量，并规定了确定直径和容量的方法。它还定义了容量容差并给出了国际命名[23]。该标准于 1986 年初首次发布，最近一次修订在 2000 年。

(2)ISO 10154《薄壁金属容器-三件式向内弯曲马口铁气雾罐-顶端尺寸》(Light gauge metal containers-Three-piece necked-in tinplate aerosol cans-Dimensions of the top end)。该标准指定了标称内部主体直径范围为 45～65mm 的罐的尺寸，并通过示意图说明了形状[24]。

3. EN 标准

EN 标准主要是关于气雾罐的尺寸标准，具体情况请参见表 3-9。

表 3-9　欧盟气雾剂标准简介

EN 14847	气雾罐-马口铁容器-25.4mm 孔径(Aerosol containers-Tinplate containers-Dimensions of the 25.4mm aperture)
简介	本标准规定 25.4mm 孔径的马口铁金属气雾罐的以下尺寸：接触高度、外径、内径和肩高
EN 14848	气雾罐-孔径为 25.4mm 的金属容器-阀杯尺寸(Aerosol containers-Metal containers with 25.4mm aperture-Dimensions of valve cups)
简介	本标准规定适用于压入 25.4mm 口径金属气雾剂容器的阀杯的关键尺寸。本标准与 EN 14847 和 EN 15006 一起使用
EN 14849	气雾罐-玻璃容器-气雾剂阀芯的尺寸(Aerosol containers-Glass containers-Dimensions of aerosol valve ferrules)

简介	本标准规定对于标准孔径为 11mm、13mm、15mm、17mm、18mm 和 20mm 瓶颈的玻璃气雾罐上阀门的有效固定而言重要的尺寸，如 EN 14854 中所定义
EN 14850	气雾罐-直径为 25.4mm 的金属容器-接触高度的测量（Aerosol containers-Metal containers with 25.4mm aperture-Measurement of contact height）
简介	该标准描述了测量阀杯和气雾罐孔之间的压缩闭合件的接触高度的方法。本标准适用于符合 EN 14847 规定的 25.4mm 孔径的喷雾容器和符合 EN 14848 规定的装有气雾剂阀杯的气雾罐
EN 14854	气雾罐-玻璃容器-颈部表面的尺寸（Aerosol containers-Glass containers-Dimensions of the neck finish）
简介	本标准规定了玻璃气雾罐颈部的关键尺寸，以及 EN 14849 中规定的带有套圈的阀门的彻底和紧密关闭。该标准适用于公称直径为 11mm、13mm、15mm、17mm、18mm 和 20mm 的颈缩气雾罐，带有模制和管状颈部饰面
EN 15006	金属气雾罐-铝质容器-25.4mm 孔径（Metal aerosol containers-Aluminum containers-Dimensions of the 25.4mm aperture）
简介	该标准适用孔径为 25.4mm 的铝金属气雾罐，规定了其接触高度、外径、内径和肩高。与 EN 14848 一起用于阀座的紧固
EN 15007	金属气雾罐-马口铁容器-两件式和三件式罐的尺寸（Metal aerosol containers-Tinplate containers-Dimensions of two and three-piece cans）
简介	该标准规定了具有标称边缘容量的两件式和三件式马口铁气雾罐的尺寸
EN 15008	气雾罐-铝质容器-孔径为 25.4mm 的一体式罐的尺寸（Aerosol containers-Aluminum containers-Dimensions of one-piece cans with 25.4mm aperture）
简介	该标准规定了具有 25.4mm 孔径的一体式铝气雾罐的尺寸和体积。本标准适用于整体结构带有尖顶式，球形或平肩的单件式容器
EN 15010	气雾罐-铝质容器-与铆钉相关的基本尺寸公差（Aerosol containers-Aluminum containers-Tolerances of the fundamental dimensions in connection with the clinch）
简介	该标准定义了相对于气雾罐底部的 25.4mm 孔径位置的临界尺寸，用于与阀杯紧固。本标准中基本尺寸的规格涉及所有 25.4mm 孔径的铝和铝合金罐，不论其尺寸，形状和制造方式如何；其尺寸和公差应符合 EN 15008 规定
EN 15009	气雾罐-分隔式气雾罐（Aerosol containers-Compartmented aerosol containers）
简介	该标准规定了产品的标称体积与分隔式气雾罐外容器的最大标称容量之间的关系

4. FEA 标准

欧盟气雾剂联合会（FEA）作为欧洲气雾剂行业的行业协会，所制定的标准都不是强制性标准。FEA 标准旨在促进气雾剂行业内的沟通和运行，并通过标准化的尺寸、术语和方法，以促进规范和安全地生产、储存及使用气雾剂产品。

每个 FEA 标准都包括三位数字，标准内容属于下列组别之一：

(1) FEA 100～199 标准规定了喷雾剂产品的一般的术语、定义和分类；

(2) FEA 200～399 标准为气雾剂产品的尺寸和相关公差标准；

（3）FEA 400～499 标准用于测定机械性能的测量技术和测量设备的标准；

（4）FEA 600～699 标准用于测定气雾剂产品或其组分的其他性质的标准测试方法和测试设备。下表简要介绍了部分 FEA 气雾剂标准（表 3-10）。

表 3-10　FEA 气雾剂标准简介

FEA 100	标准化-基本术语、原则、程序和布局 Standardization-Basic terms, principles, procedure and layout
简介	该标准定义了气雾剂产品的基本术语、原则、程序和布局
FEA 215	铝气雾罐-20mm 开口尺寸的整体容器 Aluminum aerosol containers-Dimensions of 20mm opening in monobloc containers
简介	本标准根据标准 FEA 210，确定 20mm 开口容器的关键尺寸和公差、与用套圈制造的阀门相关的公差。本标准适用于所有具有 20mm 开口的套圈轮廓的整体式铝质容器
FEA 216	金属气雾罐-颚板轴承表面的尺寸 Metal aerosol containers-Dimensions of the bearing surfaces of clinching jaws
简介	紧固夹头是通过展开对称段使阀杯变形的主要工具。该工具用于阀门与金属容器的组装操作（称为卷边、铆接或型锻）。本标准完全涵盖了钳口支承面的形式及其在封闭和开放（膨胀）状态下的直径
FEA 219	铝气雾罐-开口 20mm 的整体容器的尺寸 Aluminum aerosol containers-Dimensions of monobloc containers with 20mm opening
简介	本标准适用于单体铝质容器，即由不带缝合、焊接或钎焊的 20mm 开口和一个肩部组成。金属厚度取决于罐所需的性能。 这些容器的开口必须符合标准 FEA 215，封闭件由符合 FEA 210 标准的阀套圈制成。
FEA 222	金属气雾罐-用于实现 25.4mm 开口容器的最佳铆接条件指南 Metal aerosol containers-Guideline for achieving optimum clinch conditions for containers with 25.4mm opening
简介	铆接尺寸对获得密封容器至关重要。长时间的气体损失是不可避免的，但是不应超过既定的年泄漏率。这里不讨论通过阀门内部密封垫圈或容器侧缝的气体泄漏。本指南讨论了影响密封件密封性能的因素并给予理论高度和直径一般描述性的定义
FEA 223	马口铁气雾罐-符合 FEA 214 的两件式和三件式颈缩容器的塑料盖帽 Tinplate aerosol containers-Plastic cover caps for two and three piece necked-in containers conforming with FEA 214
简介	本标准规定了适用于符合 FEA 214 的颈缩式马口铁气雾罐的塑料盖帽的尺寸。该标准适用于盖帽，可用于那些用作盖帽的应用中的喷帽。 本标准须一并参考 FEA 214-马口铁气雾罐-两件和三件容器的尺寸。与本标准相对应的盖帽和喷雾罩必须符合标准中列出的尺寸。尺寸 H、DA、DI 和 E 由 FEA 研究小组获得并推荐
FEA 225	铝气雾罐-带边框铝气雾罐的尺寸 Aluminum aerosol containers-Dimensions of rimmed aluminum aerosol containers

简介	气雾填充剂考虑将最初设计用于三片式马口铁气雾罐的喷雾帽和制动器适配到单件铝气雾罐上的可能性。这将允许马口铁和铝气雾罐上使用相同的盖子。 本标准定义了带有边缘平肩的铝气雾罐的关键尺寸。本标准给出的具体尺寸旨在最大限度地减少问题，但不能保证设计用于三件式马口铁气雾罐的瓶盖能完美贴合带有平坦肩膀的铝气雾罐
FEA 226	塑料气雾罐-用于实现 25.4mm 开口容器的最佳外部压接条件指南 Plastic aerosol containers-Guideline for achieving optimum external crimp conditions for containers with 25.4mm opening
简介	本标准为收集卷曲过程中要进行的数据和操作提供了最佳的外部卷曲条件。外部卷曲尺寸对于获得密封容器至关重要。长时间的气体损失是不可避免的，但是不应超过既定的年泄漏率。这里不讨论通过内部密封垫片的气体损失。然而，在外部卷曲过程中，还需要仔细评估和检查：通过这种方式获得的密封质量和性能以及使用过程中压接工具的任何状况变化
FEA 405	气雾罐-测量平行度的定义和方法 Aerosol containers-Definition and method for measuring parallelism
简介	本标准的目的是为测量平行度建立统一的条件。与容器底座相比，容器开口的平行度对于气雾罐的完美关闭是重要的。 本标准适用于 25.4mm 开口的气雾罐
FEA 406	气雾罐-测量珠粒均匀度的定义和方法 Aerosol containers-Definition and method for measuring the planeness of the bead
简介	为测量容器珠粒的均匀度建立统一的条件，而容器开口的均匀性对于气雾罐的完美关闭非常重要。适用于 25.4mm 开口的气雾罐
FEA 421	开口 25.4mm 的气雾罐-盖座高度的定义和测量 Aerosol containers with 25.4mm opening-Definition and measurement of cover seat height
简介	定义了测量盖座高度尺寸的各种方式。所描述的方法和所提及的设备应用于检查具有 25.4mm 开口的气雾罐
FEA 422	填充气雾罐-标准填充水平 Filled aerosol packs-Standard fill levels
简介	描述了气雾罐的典型标准填充，并提供了避免误导性预包装的一般指导。由于每个气雾罐制造商都应根据具体情况确定最小包装体积和重量，以保证包装产品的必要功能性、安全性、卫生和可接受性。消费者可能会偏离这些标准填充水平。如果这种偏差超出了 FEA 标准 214 和 220 中规定的公差范围，则应该有足够的技术理由。 规定了 50℃时的液相体积不得超 ADD 75/324/EEC 中规定的净容量的 90%。在"最坏情况"条件下，当内容物被加热到 50 ℃ 以避免任何安全问题时，填充液必须考虑液相的扩展。填充水平必须考虑使用过程中的压力下降，以保持足够的性能直至产品使用结束。对带隔间的容器中的产品的要求应符合标准 EN 15009 气雾罐-分隔式气雾罐
FEA 602	填充气雾罐-快速测试阀门机构的密封性及其与 25.4mm 开口的容器的连接 Filled aerosol packs-Rapid test of the tightness of valve mechanisms and their attachment to containers with 25.4mm opening
简介	填充气雾罐的阀门机构以及安装杯盖的密封完整性必须由配方设计师和制造商确认并控制。他们可以选择快速方法以及标准 FEA 603 中描述的更准确的长期方法

FEA 603	填充气雾罐-测试长期保存和测量重量损失的指南 Filled aerosol packs-Guidelines to test long-term preservation and to measure the loss of weight
简介	指南要求即使长期存放，也不得因气雾罐中所含物质的作用或外部环境因素而损害气雾罐的机械阻力。 产品在投放市场之前，必须通过严格控制配制和包装过程，来确保阀门与容器之间的密封完整性，产品与包装的兼容性以及充填后气雾罐内容物在存储期间的质量。这可以通过进行储存测试以检验储存时间对配方和包装的影响来实现。另外，存储测试也可以用来监测生产中产品的性能
FEA 604	填充气雾罐-内压测量 Filled aerosol packs-Measurement of the internal pressure
简介	对成品气雾罐中存在的压力进行测量是必要的，以验证真实压力是否符合包装的压力限制，并符合现行法规。真实压力是指在给定温度下由精密压力计给出的相对压力。 本标准从两个不同的部分对方法进行了描述。第1部分为生产过程中的在线压力测量；第2部分为生产和/或实验室测试期间对完成的气雾罐进行随机和/或常规测量
FEA 605	填充气雾罐-气雾剂组成物密度测量 Filled aerosol packs-Measurement of the density of aerosol formulations
简介	该标准提供了完整测量气雾剂组成物密度的直接方法。在标准条件下，在玻璃相容瓶中测量已知重量的产品体积。这些信息将使填充和营销人员能够计算特定温度下的填充量，并确保控制最大填充量和符合体积含量声明的法规
FEA 606	填充气雾罐-水浴测试-合规性验证 Filled aerosol packs-Water bath testing-Verification of conformity with legislation
简介	欧盟ADD 75/324/EEC法令规定要求气雾罐应遵循以下最终测试方法之一。①热水浴测试；②最终热测试方法；③最终冷测试方法。 对于热水浴测试，每个填充的气雾罐应浸入热水中。水浴温度和试验持续时间应使气雾罐内部温度达到50℃，检查该条件下气雾罐所受压力的稳定性以及气雾罐密封性，确保气雾罐不发生任何爆裂、泄漏和变形。由于达到必要的压力水平的速度会随着产品的组成、容器的类型和尺寸以及水槽的某些特征而变化，因此必须进行检查以确保满足所有条件。这种测试方法的目的是提供一个检查程序来满足这种需求
FEA-615	玻璃气雾罐-跌落试验 Glass aerosol containers-Drop test
简介	该测试旨在通过让样品在受控条件下从不同高度落到标准表面来评估给定型号的玻璃气雾罐的抗冲击性能
FEA 621	气雾罐-无阀门的空容器的内部压力测量 Aerosol containers-Measurement of internal pressure resistance of empty containers without valves
简介	有关气雾罐的国家和国际法规要求对空容器样品进行液压测试。这是1975年5月20日欧洲指令75/324/EEC的要求，也是公路运输（ADR）和铁路运输（RID）的规定。 本标准描述了：①确认气雾罐符合测试压力；②测量实际的变形压力的方法；③确认气雾罐符合计算的爆破压力；④测量实际的爆破压力的方法

FEA 623	填充气雾罐-测量装有阀门的金属和塑料容器的阻力的简化方法 Filled aerosol packs-Simplified method to measure resistance of metal and plastic containers fitted with valve
简介	该方法能够测量金属和塑料容器上具有阀门夹紧或(外部)压接的阀门的机械阻力(在液压的影响下)。该方法可用于金属和塑料容器以及由马口铁和铝制成的阀门
FEA 641	气雾剂垫圈-材料选择试验 Aerosol gaskets-Test for material selection
简介	气雾剂产品都需要对垫圈材料及其与完整气雾剂产品的相互作用有良好的了解。垫圈材料通常根据其主要聚合物组分的化学结构分类。国际认可的命名法是在标准 ISO-1629 中定义的,并且在本标准的最后一页中总结了常用名称和化学式。通过添加填料和增塑剂以改变聚合物基垫圈材料的物理性质,以抵抗气雾剂产品的永久凝固和膨胀效应
FEA 642	气雾剂垫圈-嗅觉控制试验 Aerosol gaskets-Olfactive control test
简介	本试验必须由至少三名有经验的人员进行,用嗅闻的方法对经过处理后的气雾剂垫圈进行比较评估并给出评估结果
FEA 643	填充的气雾罐-释放速率的测量 Filled aerosols packs-Measurement of discharge rate
简介	本标准通过测量在给定时间内通过阀排出的材料的量来确定气雾罐的排出速率。在确切的排放时间下,测试通常为 10s,分配器的温度必须仔细控制以保证良好的可重复性
FEA 644	填充的气雾罐-喷射图案的测量 Filled aerosols packs-Evaluation of aerosol spray patterns
简介	该方法描述了一种简单的垂直分析仪,用于记录气雾剂喷雾的大小和形状,并为喷雾模式内的液滴大小和分布提供指导。它只在稳定的全喷射条件下记录喷雾模式,而不会在开始使用和结束使用时记录喷雾模式。通常将获得的喷雾模式记录与来自同一系列的其他模式或先前记录的可接受模式进行比较
FEA 646	填充的气雾罐-抵抗顶部负载力 Filled aerosol packs-Resistance to a top load force
简介	在产品包装开发过程中,可以对样品气雾剂进行顶部加载测试,以确定计算出的最大理论静态载荷不会导致盖子故障并导致意外发生
FEA 648	气雾罐阀汲取管-(a)汲取管长度,(b)汲取管生长和(c)汲取管曲率的测量 Aerosol valve dip tubes-Measurement of (a) dip tube length (b) dip tube growth and (c) dip tube curvature
简介	汲取管是气雾罐阀的重要组成部分。选择和测量汲取管的长度和曲率对确保气雾剂产品的使用功能至关重要。太长的汲取管可能导致喷射失败(并且在放置和紧固阀门期间产生气雾剂制造问题),太短的汲取管可能导致不能完全排空所有的内容物,曲率过大会导致难以将阀门放入容器开口的制造问题。 　　气雾剂配方(产品和推进剂)可能导致汲取管的生长,因此必须知道这种影响,并将其作为决定合适汲取管长度规格的因素。这种变化通常会在灌装后的最初 24h 内达到平衡
FEA 650	填充气雾罐-测量带阀门的气雾罐在真空清洗后的真空度 Filled aerosol packs-Measurement of the vacuum in a vacuum purged aerosol container fitted with valve

续表

简介	这种测试方法适用于测量所有气雾罐在真空清洗过程中达到的真空度
	在真空清洗的气雾罐中实现的真空度取决于：真空吹扫操作的效率；气雾阀保持真空的能力和真空度测量过程
FEA 651	金属气雾罐-内部涂层覆盖率的评估 Metal aerosol containers-Assessment of internal coating coverage
简介	本标准包括了一个旨在表明金属气雾罐内部涂层完整性的对比试验。该测试也适用于金属气雾罐的外表面和适配的阀门安装杯表面
	涂层用于保护金属免受腐蚀性影响。这些测试提供了评估涂覆在金属气雾罐或阀门安装杯的内表面上的涂层的完整性的方法

3.1.4 日本空气净化喷剂技术标准

1. 国家规定

在日本，与气雾剂产品相关的法律法规多种多样，并且牵涉很多立法部门。如《高压气体安全法》中对推进剂的限制，《消防法》中对液体内容物的规定。此外，根据产品的类型和用途，还涉及《药用器具法》《农用化学品规范法》《家庭用品质量标签法》《职业安全与健康法案》等。此外在气雾剂产品的物流方面，涉及《邮政法》《航空法》《危险品运输和危险品存储规则》等。

这些法律的管辖部门有产业经济省、卫生省、厚生劳动省、农林水产省、总务省及国土交通省等。此外，还有一些相关的市政府法令和相关行业组织的自愿性标准。总而言之，在目前情况下，气雾剂产品在日本受到了严格的控制。

2. 行业标准

日本工业标准(JIS)，是由日本工业标准调查会(JISC)组织制定和审议。JIS是日本国家级标准中最重要、最权威的标准。在 JIS 标准中，与空气净化喷剂相关的标准有：JIS B 9928—1998《产生用于污染控制的气雾剂的方法》和 JIS K 3803—1990《用于灭菌的空气过滤深度过滤器的气雾剂收集性能测试方法》。此外，针对使用光触媒的空气净化喷剂产品，相应的标准已列入表 3-11 中。

此外日本气雾剂协会还制定了一些非强制标准，这些标准包括《与"气雾剂等测试检验程序"有关的自愿标准规定》、《冷却喷雾等提高安全性的自愿标准》、《提高家用防水喷雾产品等安全性的自愿标准》、《家用防水喷雾产品等的"粘贴率"的安全性确认试验》和《家用防水喷雾产品等的"喷雾粒径"的安全性确认试验》。

表 3-11　JIS 室内光线条件下光催化剂材料空气净化性能标准

JIS R 1751-1—2013	室内光线条件下光催化剂材料空气净化性能试验方法第 1 部分：氮氧化物去除性能
JIS R 1751-2—2013	室内光线条件下光催化剂材料空气净化性能试验方法第 2 部分：乙醛去除性能
JIS R 1751-3—2013	室内光线条件下光催化剂材料空气净化性能试验方法第 3 部分：甲苯去除性能
JIS R 1751-4—2013	室内光线条件下光催化剂材料空气净化性能试验方法第 4 部分：甲醛去除性能
JIS R 1751-5—2013	室内光线条件下光催化剂材料空气净化性能试验方法第 5 部分：甲硫醇去除性能
JIS R 1751-6—2013	室内光线条件下光催化剂材料空气净化性能试验方法第 6 部分：小试验舱法甲醛去除性能

3.2　空气净化喷剂技术评价方法与体系

3.2.1　中国空气净化喷剂评价标准

　　目前，我国涉及空气净化喷剂产品性能评价的现行标准主要是两个行业标准：轻工业行业标准《室内空气净化产品净化效果测定方法》（QB/T 2761—2006），建材行业标准《室内空气净化功能涂敷材料净化性能》（JC/T 1074—2008）（表 3-12），而对于含有光催化材料的空气净化喷剂产品，则适用于国家标准《光催化空气净化材料性能测试方法》（GB/T 23761—2009）。

　　简单来说，这些标准中对空气净化产品净化效率的检测方法差异不大，基本思路就是采用两个相同大小的密封舱（一个作为样品舱，另一个作为对比舱），将温度和湿度控制至标准要求的范围内后，在两个密封舱内释放等量的污染物，并用电扇将空气搅动。当舱内空气与释放的污染物混合均匀后，测定两个舱内的污染物初始浓度。此后再向样品舱中加入需要测试的空气净化产品，在标准规定的时间点上，分别测定样品舱和对比舱内的污染物浓度，由此计算出净化效率[25]。

　　QB/T 2761—2006 是我国第一部室内空气被动式净化产品净化效果的测定方法。该标准的应用范围广，可用于各类净化器和有净化功能的材料；测试污染物较广，包括甲醛、氨、苯系物及 TVOC 等[26]；以污染物去除率作为产品的评价指标，但没有给出具体的合格标准。而 JC/T 1074—2008 适用范围相对集中，主要针对具有净化功能的室内装饰、装修涂敷材料及喷涂材料，测试的污染物为甲醛和甲苯；评价指标除了净化效率外，还包括净化效果持久性。JC/T 1074 中的材料分为 I 类和 II 类，分别对应有装饰功能的材料和不具备装饰功能的材料。空气净化喷剂产品属于 II 类。此外，JC/T 1074 中还指出对光催化材料，在检测时需在检测舱内安装并开启日光灯[27]。

表 3-12 我国空气净化喷剂产品性能评价标准

	QB/T 2761—2006《室内空气净化产品净化效果测定方法》	JC/T 1074—2008《室内空气净化功能涂敷材料净化性能》
适用范围	各类空气净化产品包括主动式净化器及被动式净化材料	空气净化功能的室内装饰、装修涂覆材料及喷涂材料。其中 I 类材料为具有装饰功能的涂覆材料, II 类材料为不具有装饰功能的喷涂材料
可评价污染物	甲醛、氨、苯、甲苯、二甲苯、TVOC	甲醛、甲苯
样品准备	被动式净化材料按产品说明书制作适量的受试样品。无产品说明书的产品, 在三张 $1m^2$ 的基纸上(要求为惰性材料)分别将净化材料喷(涂)三遍(用小型喷雾泵尽量喷涂成细雾状)。喷涂第一遍晾干后再喷第二遍, 第二遍晾干后再喷涂第三遍(涂刷式材料用量:200g;喷涂式材料用量:100g)	对于 I 类材料, 按照产品提供的理论涂刷量和施工方法, 将样品涂刷到四块 500mm ×500mm 玻璃板(厚度 4～6mm)的一个表面, 自然干燥 7d 后进行试验。对于 II 类材料, 将产品搅拌均匀后, 按照产品提供的理论涂刷量, 用均匀喷涂方法涂刷到四块 500mm×500mm 玻璃板(厚度 4～6mm)的一个表面, 在试验环境中干燥 24h 后进行试验
污染物释放	将 17cm×40cm 的医用脱脂纱布 5 层卷在 2 支直径 5mm, 长 30mm 的玻璃棒上, 用棉线固定并将其直立放在 500mL 的试剂瓶中, 装入 200mL 的污染物。待纱布完全湿润后, 即可投入使用	用微量注射器取 (3±0.25) μL 分析纯甲醛或分析纯甲苯溶液, 通过注射孔滴在玻璃平皿内, 密闭注射孔
试验舱	容积 0.9m×0.9m×1.85m; 框架:76mm×44mm 铝型材; 壁、地板及顶板:厚度为 5mm 浮法平板玻璃	容积:1.25m×0.8m×1m; 壁、地板及顶板:厚度为 8～10mm 的玻璃
污染物检测	甲醛:GB/T 16129—1995 或 GB/T 18204.26—2002; 苯、苯系物:GB/T 11737—1989; 其他污染物:GB/T 18883—2002	甲醛:GB/T 16129 并采用 AHMT 分光光度法。甲苯:GB/T 18883 附录 B 气相色谱法
去除率要求	无	甲醛:I 类≥75%; II 类≥80% 甲苯:I 类≥35%; II 类≥50%
净化持久性	无	甲醛:I 类≥60%; II 类≥65% 甲苯:I 类≥20%; II 类≥30%

　　GB/T 23761—2009 针对具有光催化的空气净化材料;检测污染物为乙醛。以乙醛、氮气和氧气混合后的气体为标准气体, 连通光催化反应器, 而检测材料加工成片状放置于光催化反应器的支撑块上。采取污染物恒流、连续通过反应器的动态方式进行测试;以污染物的去除率、去除量, 以及稳定性作为评价指标。光源有两种, 根据测试要求进行选择。当测试紫外光催化性能时, 使用波长为 365nm, 功率为 8W 的四只紫外灯管。当测试室内光催化性能时, 使用波长为 400～760nm, 功率为 8W 的四只荧光灯管[28]。和日本光催化委员会发布的一系列光催化检测标准(见 3.1.3 节)相比, 我国的标准检测的污染物种类少, 且只考虑了片状涂覆材料的情况, 需要进一步进行修订强化。

3.2.2 ASTM空气清新剂除恶臭效果评价标准

空气清新剂是通过散发香味来掩盖异味，减轻人们对异味不舒服的感觉的一种气雾或喷雾。但长期以来我国对空气清新剂产品掩盖异味的效果缺乏评价标准。ASTM 国际(ASTM International，原名美国材料与试验协会)目前使用标准方法 E1593—2006《评估空气护理产品降低室内恶臭感知的标准指南》(ASTM E1593 Standard Guide for Assessing the Efficacy of Air Care Products in Reducing the Perception of Indoor Malodor)来评价空气清新剂掩盖异味的效果，该标准在 1994 年通过 ASTM E18 感官评估委员会发布，旨在为评估空气清新剂产品在减少敏感感知室内空气恶臭强度方面的功效提供标准方法。该标准利用经过培训的评估员记录产品消除室内空气恶臭的功效。

E1593 允许在内部(制造商的设施内)或第三方测试，遵循详细的测试程序，以控制与这种类型的测试相关的变量，这些变量的控制包括：使用经过培训的评估员，在受控实验室条件下进行测试，使用标准恶臭，恶臭应用的标准程序，空气护理控制产品操作或应用的标准程序，并遵循感官评估的标准方法[29]。

1. 评估者

测试是由评估人员进行的，他们在选定的具体感官评估方法方面经过培训并具有丰富经验。气味评估员最初从社区招募并根据 ASTM 特别技术出版物 758《感官组件选择和培训指南》进行挑选和培训，例如使用标准添味剂正丁醇和硫化氢对每种气味评估者进行测试以确定他们各自的嗅觉敏感性。评估者接受由嗅觉意识、嗅探技术、标准描述符合嗅觉反应组成的训练。

气味测试实验室是一个无气味、无刺激的空间。大型房间的大小为 4m×5m×3m，而小型不锈钢室的大小为 1.2m×1.2m×1.5m。该实验室的组织使得样品制备中的气味不会迁移到评估员所在的地区。如果评估者直接从室内嗅探，则室内周围的区域应该被清洁以防止任何嗅觉偏差。

2. 恶臭

选择特定的恶臭和恶臭程度是测试方案的关键要素。恶臭可以使用现实生活来源或通过合成模型生成[30]。

房间里产生的恶臭程度取决于测试目标和评估人员的歧视程度。气味必须足够强大，评估人员才能将其存在与无异味的参考物质区分开来。

3. 测试方法

ASTM E1593 概述了协议设计过程中需要考虑和解决的问题，但没有规定气味测试的确切方法。测试的具体目标将决定要执行的气味评估类型。ASTM E1593 中概述的一般做法允许根据被测试的具体产品定制程序。测试的目的是记录产品在一种或多种条件和操作参数下的性能[29]。

3.3 空气净化喷剂风险控制

3.3.1 环境危害风险控制

1. 氯氟烃

从 20 世纪 70 年代中期开始，气雾剂中使用的氯氟烃 CFCs 对臭氧层的破坏引起了公众的广泛关注。70 年代后期，在美国随着企业自愿和相关联邦法律法规出台严格限制了氟氯烃在消费类产品中的使用，使得在美国制造的消费类气雾剂产品不得含有破坏臭氧层的化学物质，取而代之的是碳氢化合物和压缩气体（如氮氧化物）等对臭氧层没有损害的物质[31]。

气雾剂制造商在欧洲和世界其他地区最初并没有跟随美国使用 CFCs 替代品。但到了 1987 年 9 月 20 日多个国家签署了"蒙特利尔议定书"对 5 种CFCs(CFC-11，CFC-12，CFC-113，CFC-l14，CFC-115) 及三项哈龙(哈龙-1211，哈龙-1301，哈龙-2402)提出了禁用时间表：发达国家于 2000 年全部禁用，发展中国家可推迟 10 年。这一举动影响的层面涉及电子光学清洗剂、冷气机、发泡剂、喷雾剂、灭火器等[32]。我国在 1991 年签署了该协议，相关部门也采取了相应的行动。

2. 挥发性有机化合物 VOCs

在太阳光紫外线存在下，挥发性有机化合物与氮氧化物反应会形成臭氧，因此喷雾剂释放的 VOCs 不仅会提高地表的臭氧浓度，也是诱导光化学烟雾的关键成分[33]。加利福尼亚州空气资源委员会(CARB)研究发现这类挥发性有机化合物释放到空气中后会产生臭氧，于是他们对空气清新剂和其他气雾剂产品中的VOCs 含量进行了限制。CARB 根据不同的生活消费品制定了不同的 VOCs 含量限值要求，包括空气清新剂、消毒剂、除臭剂、玻璃清洁剂、地毯/室内装潢清洁剂、摩丝、头发光亮剂、头发造型产品、汽车挡风玻璃清洗液以及杀虫剂等。其中同一类型不同形态的产品 VOCs 含量限值要求也不一样，一般气溶胶型 VOCs

限量值比非气溶胶型要高（以质量分数计），如双相气溶胶型限值为 20%，而单相气溶胶型限值则为 30%；气溶胶型的玻璃清洁剂限值为 10%，非气溶胶型则为 3%；气溶胶型杀虫剂限值为 20%，而非气溶胶型为 3%[34]。

3. 资源保护和恢复法案(RCRA)对气雾罐的管理

根据 40 CFR 261.2 的规定，任何产生固体废物的主体或使用者必须确定固体废物是否属于危险废物。由于气雾罐的可燃性特征或在某些情况下表现出如 40 CFR 261.3 所定义的危险废物的其他特征，气雾罐通常被列为危险废物[35]。

处理、储存或处置危险废物气雾罐的设施必须符合 40 CFR 第 264 部分(允许的设施)[36]或 40 CFR 第 265 部分(临时状态设施)的要求[37]。但是当危险废物气雾罐被回收时，回收过程本身不受监管，除非 40 CFR 261.6(d)中指出。美国国家环保局已将当前的危险废物法规解释为：如果为回收利用而进行的气雾罐的穿孔和排放(例如，用于废金属回收)，则被认为是回收过程的一部分，并且不受 RCRA 许可要求的限制。但是在回收活动之前，从场外接收危险废物气雾罐的设施需要 RCRA 许可才能进行储存，回收过程将受到 40 CFR 第 264、265 或 267 部分 AA 和 BB 的限制。

4. 联邦杀虫剂、杀真菌剂和灭鼠剂法案(FIFRA)

含有杀虫剂的危险废物气雾剂罐也在《联邦杀虫剂、杀真菌剂和灭鼠剂法案》(FIFRA)管控范围内，包括遵守标签上的说明。一般而言 FIFRA 标签针对气雾剂农药产品的声明是禁止刺穿罐体。然而在 2004 年 4 月, EPA Start Printed Page 7657 确定穿孔气雾剂农药容器符合 FIFRA 要求，前提是满足以下条件：

(1)容器的穿孔由专业从事回收和/或处置活动的人员进行；

(2)使用专门设计的用于安全刺穿气雾罐并能有效收集罐内残余物及任何排放物的装置进行穿刺；

(3)穿刺、废物收集和处置是根据所有适用的联邦、州和地方废物(固体和危险废物)以及职业安全和健康法律法规进行的。

3.3.2　健康危害化学品风险控制

喷雾剂中使用的挥发性有机化合物(VOC)是从特定固体或液体中的挥发出的气体。挥发性有机化合物包括各种化学品，其中的一些可以具有短期和长期的不良健康影响。

有机化工原料广泛用于家用产品的生产和制造。油漆、清漆和蜡中都含有有机溶剂，许多清洁、消毒、化妆品和脱脂产品也都含有机化学品。所有这些产品都可以释放出有机污染物。

美国国家环境保护局(EPA)研发部在"总暴露评估方法(TEAM)"研究(第 I 至 IV,1985 年完成)中发现了大约十几个常见的有机污染物的室内浓度比室外高 2～5 倍,即使在农村地区也是如此。由于人体各种重大疾病发病率在增加,人们普遍怀疑是使用化学品导致的问题。科学研究也发现发达国家曾经大量使用的一些化学品对人体健康和环境有巨大的危害性,这给消费者和立法者心理造成了"化学恐惧症"。许多国家通过立法的方式要求化学品在使用之前进行毒理学和生态毒理评估,并且限制或禁止使用已发现对健康和环境有高风险的化学物质[38]。如欧盟 REACH 法规,美同 CMI 程序(2012 年启动,美国联合加拿大和墨西哥共同建立的一项化学品管理初始程序(CMI),要求对每年产量超过 11400kg 的约 9500 种化学品进行基于健康风险的测试)[32]。

对于气雾剂中严禁使用或限量使用的化学物质,欧盟 REACH 法规附录 17 也列出 73 条物质限制使用条款,气雾剂产品应符合这些条款的要求。另外欧洲化学品管理局(European Chemicals Agency,ECHA)自 2008 年 10 月以来已公布 21 批共 201 种高度关注物质清单(substances of very high concern,SVHC)[39]。气雾剂中不得有意添加这些物质,否则进入欧盟市场之前应向进口国主管机构以及下游用户或消费者通告产品中 SVHC 情况[40]。

3.3.3　消防安全风险控制

在 NFPA 30B 标准中,气雾剂产品按照其燃烧热值高低, 被分为三个等级:

(1)1 级气雾剂产品: 燃烧热≤20kJ/g(8600Btu/lb)。

(2)2 级气雾剂产品:燃烧热>20kJ/g(8600 Btu/lb),但≤30kJ/g(13000 Btu/lb)。

(3)3 级气雾剂产品: 燃烧热>30kJ/g(13000 Btu/lb)。

其中 1 级气雾剂主要以水为基础(一个很好的例子是剃须膏),它们的火灾危险与纸箱中的普通可燃物大致相同。2 级气雾剂主要是由与水混溶的易燃、可燃液体组成;它们可引发火灾,并推动破裂的罐体发生移动,导致火势蔓延,但相对少量的水混溶性液体可以很快被喷洒器稀释和熄灭。3 级气雾剂是最大的挑战。它们主要是不溶的易燃、可燃液体。相对于 2 级气雾剂,3 级气雾剂增加的危险是气雾罐破裂可以释放易燃、可燃液体,且不易被喷洒器稀释或熄灭[41]。

联合国《全球化学品统一分类与标签制度》(GHS 标准)根据易燃物成分浓度和燃烧热的高低也对气雾剂产品进行了分类。气雾剂通常是三种基本液体(水、可溶性易燃液体和不溶性易燃液体)的混合物, 其分类部分取决于每种物质的百分比,气雾剂的实际组成可以通过测试每种基础液体的百分比来确定。1 级气雾剂在托盘化和机架存储中可作为 3 类商品受到保护。2 级和 3 级气雾剂需要有喷淋保护，并且将气雾剂与其他储存器隔离。小存储量时可存放于小型低成本金属框架或混凝土砌块建筑物，或者将产品存放在远离建筑物的拖车中，或者存放在仓库外部的有盖码头上，远离仓库的任何出口。

在商业场所，销售区域的产品如果在不可燃包装内，则火灾风险很低。在储藏室中，这些产品可以放置在小型不可燃的独立建筑物、小型洒水式切割室中，或者从运输纸箱中取出并存放在远离其他可燃储存物的不可燃垃圾箱或购物车中[42]。仓库内的运输、接收区域应尽可能靠近指定的气雾剂储存区域。这将减少托盘装载气雾剂通过一般仓库区域的机会。2级和3级气雾剂的存储仓库应与其他仓库分开，可以使用石膏板，但需要添加金属板以防止气雾剂罐爆破冲击；也可以使用链式围栏，两侧的围栏与储存物充分分离。除了存放在低成本、分离式结构中的情况外，根据气雾剂的等级及其储存方式(托盘化、货架)，还需要有足够的喷淋保护。

此外，人为因素对气雾剂产品的消防安全也起到了非常大的作用，应特别注意存储区域内外的管理。走廊应该远离所有存储空间；根据其可燃性等级清点和记录气雾剂产品；应对所有存储的产品保留材料安全数据表(MSDS)；MSDS 信息应存档在当地的消防部门或者作为消防应急设施的第一响应者的机构中[43]；应严格执行"禁止吸烟"规定；应实施"热工"许可证制度，规定在气雾剂储存区域附近不得使用明火。

参 考 文 献

[1] 上海质量技术监督局. 空气净化剂产品质量安全风险监测分析[J]. 质量与认证, 2016, 7: 84-86.
[2] 中国包装联合会气雾剂专业委员会. 2017 年度气雾剂行业统计数据报告[R]. 2018.
[3] 靳方伟, 张政国. 烃类抛射剂在气雾剂产品中的应用风险评述与规避[J]. 气雾剂通讯, 2009, 4: 7-10.
[4] 郭永华, 张伟, 王琛. 气雾剂易燃性检测和分类[J]. 检验检疫学刊, 2011, (1): 55-58.
[5] United Nations. Recommendations on the transport of dangerous goods model regulations[M]. New York: United Nations Publication, 2011.
[6] United Nations. Recommendations on the transport of dangerous goods manual of tests and criteria[M]. New York: United Nations Publication, 2019.
[7] United Nations. Globally harmonized system of classification and labelling of chemicals[M]. New York: United Nations Publication, 2011.
[8] 国家安全生产监督管理总局. 气雾剂安全生产规程(AQ3041—2011)[S]. 北京: 煤炭工业出版社, 2011.
[9] 国家质量监督检验检疫总局. 危险货物品名表(GB 12268—2012)[S]. 北京: 中国标准出版社, 2012.
[10] 国家质量监督检验检疫总局. 危险货物例外数量及包装要求(GB 28644.1—2012)[S]. 北

京: 中国标准出版社, 2012.

[11] 章耀平, 何渊井, 孙兆飞, 等. 我国气雾罐包装容器标准化研究[J]. 包装工程, 2016, (11): 111-114.

[12] 国家质量监督检验检疫总局. 包装容器 铁质气雾罐(GB 13042—2008)[S]. 北京: 中国标准出版社, 2008.

[13] 国家发展和改革委员会. 包装容器20mm口径铝气雾罐(BB/T 0006—2014)[S]. 北京: 中国标准出版社, 2014.

[14] 国家质量监督检验检疫总局. 包装容器25.4mm口径铝气雾罐(GB/T 25164—2010)[S]. 中国标准出版社, 2010.

[15] 国家质量监督检验检疫总局. 气雾剂产品测试方法(GB/T 14449—2017)[S]. 北京: 中国标准出版社, 2017.

[16] 国家质量监督检验检疫总局. 危险品 喷雾剂点燃距离试验方法(GB/T 21630—2008)[S]. 北京: 中国标准出版社, 2008.

[17] 国家质量监督检验检疫总局. 危险品 喷雾剂封闭空间点燃试验方法(GB/T 21631—2008)[S]. 北京: 中国标准出版社, 2008.

[18] 国家质量监督检验检疫总局. 危险品 喷雾剂泡沫可燃性试验方法(GB/T 21632—2008)[S]. 北京: 中国标准出版社, 2008.

[19] Johnsen M. 美国家居气雾剂产品及其发展趋势[J]. 气雾剂通讯, 2004, 1: 10-27.

[20] Commission directive 2008/47/EC of 8 April 2008amends, for the purposes of adapting to technical progress, Council directive 75/324/EEC on the approximation of the laws of the member states relating to aerosol dispensers[J]. Official Journal of the European Union.

[21] Regulation (EC) No 517/2014of the uropean Parliament and of the Council of 16 April 2014on fluorinated greenhouse gases[J]. Oficial Journal of the European Union.

[22] Directive 2004/42/CE of the European Parliament and of the Council of 21 April 2004on the limitation of emissions of volatile organic compounds[J]. Official Journal of the European Union.

[23] ISO. Light gauge metal containers-Definitions and determination of dimensions and capacities-Part 3: Aerosol cans[S]. ISO 90-3: 2000.

[24] ISO. Light gauge metal containers-Three-piece necked-in tinplate aerosol cans-Dimensions of the top end[S]. ISO 10154: 2004.

[25] 丁萌萌. 空气净化器检测用环境试验舱研制及应用研究[D]. 北京: 北京化工大学, 2010.

[26] 国家发展和改革委员会. 室内空气净化产品净化效果测定方法(QB/T 2761—2006)[S]. 北京: 中国轻工业出版社, 2006.

[27] 国家发展和改革委员会. 室内空气净化功能涂覆材料净化功能(JC/T 1074—2008)[S]. 北京: 中国建材工业出版社, 2008.

[28] 国家质量监督检验检疫总局. 光催化空气净化材料性能测试方法(GB/T 23761—2009)[S]. 北京: 中国标准出版社, 2009.

[29] American Society for Test and Material. Standard guide for assessing the efficacy of air care products in reducing sensorily perceived indoor air malodor intensity(ASTM E 1593—06)[S].

West Conshohocken: ASTM Iternational, 2006.

[30] 张文强. 恶臭气体的检测方法与技术研究[D]. 天津: 河北工业大学, 2014.

[31] Muir E . 美国制冷剂替代的方向[J]. 家用电器科技, 2001, 2: 14-16.

[32] 郭永华, 钱苏华, 王琛. 气雾剂的检验检测要求和建议[J]. 气雾剂通讯, 2010, 3: 9-14.

[33] 郭彦军. 机动车排放物 VOCs 对光化学臭氧生成的影响研究[D]. 西安: 长安大学, 2008.

[34] California Environmental Protection Agency Air Resources Board. Regulation for reducing emissions from consumer products[Z]. The California Consumer Productions Regulations, 2010.

[35] Environmental Protection Agency. 40 Code of Federal Regulations, Part 261. Identification and listing of hazardous waste[Z]. 2017.

[36] Environmental Protection Agency. 40 Code of Federal Regulations, Part 264. Standards for owners and operators of hazardous waste treatment, storage, and disposal facilities[Z]. 1986.

[37] Environmental Protection Agency. 40 Code of Federal Regulations, Part 265. Interim status standards for owners and operators of hazardous waste treatment, storage, and disposal facilities[Z]. 1987.

[38] 汪涵, 叶芳毅. 欧盟 REACH 法规中的毒理学评估[C]. 广州: 中国毒理学会第六届全国毒理学大会, 2019.

[39] European Chemicals Agency(ECHA). Candidate List of Substances of Very High Concern for authorisation [EB/OL]. 2010.

[40] European Chemicals Agency(ECHA). New public consultation on eight potential substances of very high concern [EB/OL]. 2010.

[41] National fire protection association. Code for the manufacture and storage of aerosol products(NFPA 30B-2015)[S]. Quincy: National fire protection association, 2015.

[42] 杜兰萍. 基于性能化的大尺度公共建筑防火策略研究[D]. 天津: 天津大学, 2007.

[43] 乐惠明. 基于化学品材料安全数据表(MSDS)的认识与应用[J]. 上海涂料, 2006, 25(9): 31-32.

4 空气净化喷剂应用

4.1 常见空气净化喷剂及其应用概述

空气净化喷剂是利用喷剂与目标污染物的特异性作用(如催化[1]、溶解[2]、络合[3]、中和[4]反应等)以达到去除待处理污染物的目的,基作用过程是溶质从气相传递到液相的相际间传质过程,空气净化喷剂技术是目前工业上治理尾气污染最为常用的一类技术,近些年随着室内空气质量[5]逐步被重视,民用喷剂的技术发展迅速。但因空气中的气态污染物多种多样,实际喷剂在工作时需针对空气中待处理的污染物类型进行吸收液调配,治理针对性较强。

根据前述章节的阐述,净化原理主要分为物理法和化学法。物理法主要是气体溶解于溶剂中的物理过程,不伴有显著的化学反应,如用水吸收氨气、SO_2 等,物理法所涉及的主要材料是溶剂;化学法是伴有明显化学反应的净化过程,被溶解的气体与喷剂或原先溶于喷剂中的其他物质进行化学反应,也可以是两种同时溶解进去的气体发生化学反应,如用酸性液体吸收氨气,用碱性液体吸收 SO_2 等,化学法所涉及的材料与待处理的污染物密切相关,一般不是纯水,而是其他液体或溶有活性物质的溶液。化学法机理比物理法机理复杂许多,而且针对不同的污染物因反应系统的情况不同而各有差异。在实际工业生产中,为了增大对气态污染物的吸收率和吸收速度,多采用化学法。化学法主要有以下优点:

(1)一般气体在液相溶剂中的溶解度不高,物理法吸收能力有限,而利用适当的化学反应,可大幅度提高溶剂对气体的吸收能力。

(2)气体进入溶液后,因化学反应而被消耗掉,单位体积溶剂能够容纳的溶质增多,在平衡关系上使得溶液的平衡分压逐渐降低,甚至最终可以降到零点附近,使净化过程的推动力增加,可彻底去除气相中含量较少的有害气体。

(3)化学法具有明显的选择性,一般吸收速度较快,以致气体刚进入气液界面就被消耗殆尽,溶质在液膜中的扩散阻力大为降低,甚至降为零。这就使总吸收系数增大,吸收速率进一步提高。

(4)填料表面有一部分液体停滞不动或流动很慢,在物理法中这部分液体往往因溶质达到饱和而不能再进行吸收,但在化学法则要吸收较物理法多得多的溶质才能达到饱和。因此对物理法不是有效的润湿表面,对化学法仍然可能是有效的。

除了以上特点，喷剂净化还有着操作性强、投资小等优点，几乎可以处理各种有害气体，适用范围很广，但是其尾气治理浓度范围较窄，对于极高浓度或极低浓度污染物治理效果较差，而最大的缺点是吸收液的回收利用问题，处理后的吸收液需要再次深度处理，若没有配套回收技术，极易造成环境污染。

4.2　空气净化喷剂应用

空气净化喷剂的研究主要以化学法为主，化学法具有很强的选择性，针对不同的目标污染物需选择不同的原料。随着这几年相关研究逐步增多，喷剂相关技术发展到现在，主要以苯系物(苯及甲苯等)、甲醛、H_2S、NH_3、CO_2、NO_x、SO_2等为主要处理对象，下面分别针对不同的气体应用予以详细介绍。

4.2.1　空气净化喷剂在苯系物去除上的应用

挥发性有机化合物是大气中主要污染物，种类繁多[6]，其中苯系物是主要组成部分，主要由交通、有机化工、石油化工等领域产生；苯及其同系物甲苯、二甲苯、乙苯等常用于生产涂料、黏结剂等，而这种涂料、黏结剂多用于室内装修，因此，在新装修的室内会存在一定量的苯系物，所以新装修的室内要常通风一段时间来减少苯系物等有害气体。研究人员[7]通过对某一新装修办公楼室内的苯系物进行监测，结果发现该办公楼室内苯系物浓度范围在 $1.61\sim2.23\text{mg/m}^3$，浓度的变化幅度总体较小，基本能够反映苯系物浓度的消长规律。根据国家规定，室内苯系物的浓度限值为 0.60mg/m^3，监测结果显示该办公楼苯系物含量超标 3 倍多，作者认为造成严重超标的原因主要为装修者使用了过多含苯系物的材料。大部分苯系物对人和动物的危害较大，如果人体长期处于高浓度苯系物的环境中，就会出现头晕、头痛、记忆力减弱等现象，而且还会减弱人体的造血功能，减少血细胞数量，产生血液系统疾病，并且长期与苯系物接触会危害人的肝脏、肾脏及神经系统，很有可能患淋巴性白血病[8,9]，甚至会造成基因突变或癌变，世界卫生组织已将苯系物列为强致癌物质[10]。

工业污染物中最常见的是苯系物[11]，包括苯、甲苯、二甲苯(俗称"三苯")、苯乙烯等，苯系物吸收材料的选择是影响去除效果的重要因素，良好的吸收剂通常具有溶解度大、挥发性低、无腐蚀性、黏度低、无毒无害、不易燃、价格便宜且来源广等特点。

陈定盛等[12]在以填料吸收塔作为吸收装置，以废机油为吸收剂对含甲苯废气进行了吸收实验研究，系统地考察了填料层高度、进口甲苯浓度、空速、液气比等因素对去除率的影响，确定了最佳工艺条件。实验结果表明，废机油能有效净化废气中的甲苯，去除率达到 95%～98%，吸收尾液蒸馏能回收甲苯和废机油。图 4-1 表明增大液气比可增大去除率，但在液气比增大到一定的数值后，其对去除率的影响已变得微乎其微。这是由于液气比较小时，气液接触有效面积较小，去除率较低；随着液气比的逐渐增大，气液接触有效面积也增大，但当两者充分接触时，液气比的增大对接触面积影响已不明显，即气液接触面积基本上达到稳定，去除率也趋于稳定。通过优化实验条件，废机油吸收液对甲苯废气有很好的净化效果，当浓度为 500～2500mg/m³ 时，去除率可达到 95%～98.5%(图 4-2)，废机油对甲苯废气的去除率高，适应范围广。Ozturk 等[13]以废植物油和润滑油为吸收液进行苯和甲苯的废气去除实验，实验数据表明废油对苯和甲苯的去除率高达 90%，通过蒸馏法使吸收液再生，既节约了废油处理成本又充分利用其高效性能对废气进行去除，实现了资源的循环利用。

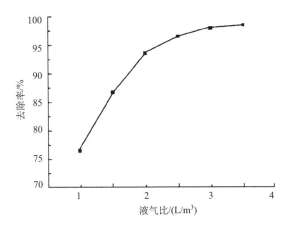

图 4-1　液气比对含甲苯废气的吸收效果

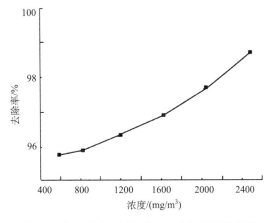

图 4-2　废机油对不同浓度甲苯废气的吸收效果

水是最理想的吸收剂，廉价易得而且安全无害，但是苯系物大多不溶于水。因此人们开发了以水为基础的复合吸收剂用于有机污染气体的吸收，通过向水中添加表面活性剂[14]增大有机物在水中的分散程度，改善吸收剂的乳化性能，从而增大苯系物的溶解度，提高吸收效果。通常用液体石油类物质或表面活性剂和水组成的混合液，构成水–洗油、水–表面活性剂–助剂等复合吸收剂[15]。"相似相溶"原理是物质溶解性能中的经验规律，其本质是结构相似的粒子之间的作用力比结构完全不同的粒子之间的作用力强。水是极性较强，介电常数很大的液体，一般有机物是极性较弱或完全没有极性的化合物，因此难溶或不溶于水，但可溶于一些有机溶剂。苯系物属非极性物质，因此难溶于水，易溶于非极性的矿物油，如洗油等。表面活性剂能大大降低溶液的表面张力，改变体系的界面状态，从而产生润湿或反润湿、乳化或破乳、起泡或消泡以及增溶等一系列作用。油和水相互不相溶而分层，是由于两种液体间存在表面张力，而表面活性剂正是由疏水基(亲油基)和亲水基组成的化合物，它聚集在油与水相互排斥的界面上，起到降低表面张力的作用。表面活性剂的亲水基对极性化合物有亲和作用，亲油基则对非极性化合物有亲和作用，因此能把油和水均匀地混在一起。大量实验研究表明，非离子表面活性剂和阴离子表面活性剂相比，前者表面张力下降的速度和幅度大于后者。直链型阴离子表面活性剂中，亲水基在亲油基中间者比在末端者更能加快表面活性剂的吸水速度，这是由于亲水基在分子中间则支链较多，润湿性较好；对分子质量相近的表面活性剂而言，有支链结构的化合物润湿性能更好。表面活性剂的添加量对复合吸收剂的性能有很大影响，一般开始时表面张力随表面活性剂浓度的增加而急剧下降，以后表面张力则大体不变。由此可知无限增大表面活性剂的浓度是无意义的，需通过实验找到浓度的临界值，再由实验确定每种表面活性剂的添加量。

用液体吸收法净化含苯废气具有工艺成熟、操作简单、适应范围广和费用低等优点。针对皮革、人造革等排放大量低浓度的含苯废气的行业生产过程，开展了对液体吸收剂和吸收工艺条件的探索工作。衣新宇等[16]通过向吸收塔中添加表面活性剂来进行吸收甲苯废气的实验，探讨了吸收剂的吸收机理，筛选出适合吸收甲苯的表面活性剂，系统考察了喷淋液体流量、入口废气中的甲苯浓度和表面活性剂添加量这三个因素对甲苯去除率的影响。实验结果表明，对甲苯来说表面活性剂对去除率的影响最大，喷淋液体流量次之，入口浓度的影响最小。当条件满足时，最高去除效率可以达到90.6%(质量百分比)，使得甲苯废气可以达标排放。

柠檬酸钠溶液由于其蒸气压低、无毒、化学性质稳定、不易起泡，对设备腐蚀小，很早就引起了人们的注意。柠檬酸钠既有亲水基(易与水结合)又有亲油基(易与苯分子结合)，因此柠檬酸钠水溶液可作为处理含苯废气的吸收剂。陶德东等[17]在其他实验条件相同时，分别向柠檬酸钠水溶液中添加乳化剂 Tween-80、Span-80、无机盐，并考察了不同吸收液对二甲苯的吸收性能。结果表明乳化剂可以与柠檬酸钠形成混合胶束，使表面活性剂的临界胶束值降低，增加柠檬酸钠水溶液对有机物的增溶能力，提高了二甲苯的去除率。由于无机盐具有助洗功能，加入无机盐后能增加表面活性剂的胶团数量，从而提高二甲苯的去除率。如图 4-3 所示，清水对二甲苯有一定的吸收能力，但二甲苯在水中的溶解度非常小，吸收能力十分有限。加入柠檬酸钠的水溶液对二甲苯去除率显著提高，因为柠檬酸钠在水溶液中会形成疏水基向内、亲水基向外的聚集体，从而形成胶束，二甲苯分子被吸附在胶束表层，进而插入形成胶束的栅栏中，直至胶束内。随着柠檬酸钠浓度增加吸收剂对二甲苯的去除率逐渐提高，当柠檬酸钠浓度为 8%时，继续增加其浓度，吸收剂对二甲苯去除率变化不明显。乳化剂 Tween-80 的加入可提高柠檬酸钠水溶液对二甲苯的去除率，二甲苯去除率随着乳化剂 Tween-80 浓度的增加而增加，可能是由于柠檬酸钠与 Tween-80 形成混合胶束，使原来带负电荷的表面活性剂离子间的排斥作用减弱，更易形成胶束，从而使复合吸收剂的临界胶束值较单一表面活性剂有较大程度的降低。Tween-80 浓度超过 1.5%后，随着 Tween-80 浓度的增大，二甲苯去除率的增速趋于平缓，考虑溶剂配比的经济性，继续增加 Tween-80 浓度的实际意义不大。作者随后考察了乳化剂 Span-80 的影响，乳化剂 Span-80 的加入可提高柠檬酸钠水溶液对二甲苯气的去除率，并随着 Span-80 浓度的增加，去除率逐渐提高。表面活性剂的临界胶束浓度越低，聚集数越大，胶团结构越疏松，越有利于有机物分子插入胶团栅栏中，使吸收量增加。Span-80 为非离子型表面活性剂，分子中的氧乙烯基对胶团的形成不利，而甲基对形成胶团有利。由于 Span 系列表面活性剂中甲基数量一致，而 Span-80 的氧乙烯基较多，因此 Span-80 不易形成胶团从而导致对有机物的增溶能力有限。无机盐有强化表面活性的作用，能够提高污染物的分散、乳化、溶解能力。常用的无机盐助剂有硅酸钠、磷酸钠、乙酸钠。由图 4-4 可以得出，硅酸钠对提高二甲苯的去除率的影响最显著，其次为磷酸钠、乙酸钠。因为硅酸钠水解而产生具有胶束结构的硅酸，此种溶剂化的胶束对污染物分子具有较好的分散和乳化能力，并具有缓冲和稳定泡沫的能力；与表面活性物质混合时，有良好的助洗能力。磷酸钠促进污染物粒子的分散，使污染物溶解、胶化，有利于去除污染物。无机盐对离子型表面活性剂表面活性的影响还有一个作用：无机盐的反离子中和表面活性剂部分亲水基电荷，减少胶束表层扩散双电层的厚度，使表面活性剂更容易形成胶团，使得溶液的表面张力降低、吸收容量增大，提高了吸收液对二甲苯的去除率。

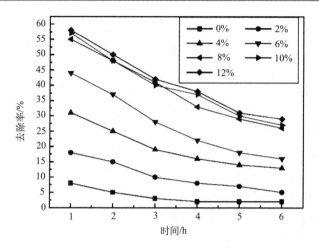

图 4-3　柠檬酸钠浓度对二甲苯去除率的影响

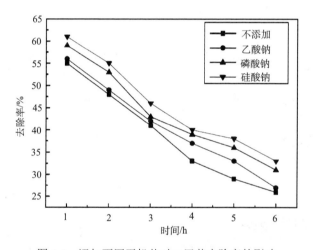

图 4-4　添加不同无机盐对二甲苯去除率的影响

目前用于处理甲苯的许多吸收剂为有机溶剂，具有一定毒性和污染性，容易造成二次污染，国内外学者想寻找一种天然植物提取液来处理甲苯以减少污染[18]。甲苯是有机废气的重要组成部分，作为一种普遍使用的有机溶剂，甲苯被广泛用于化工、制药、涂装和皮革胶合等各种生产过程，是工业异味产生的重要来源。甲苯气体对皮肤、黏膜有刺激性，对中枢神经系统有麻醉作用，重症者可有躁动、抽搐、昏迷症状，长期接触可罹患神经衰弱综合征、肝肿大等严重危害人体健康的疾病，对空气、水环境及水源可造成潜在的污染。崔庆华等[19]选择 1,4-丁二醇（BDO）、DEHA、柠檬酸钠、干薄荷提取液和鲜薄荷提取液作为吸收剂，研究了这些喷剂对甲苯的去除率(图 4-5)。结果表明：

（1）BDO 为模型吸收剂，以吸收量为指标，最佳吸收条件为：甲苯进气流量为 0.2mg/L，甲苯吸收时间为 30min，吸收温度为 10℃；

（2）最佳吸收条件下，不同吸收剂对甲苯的吸收性能存在明显差异，数据显示，BDO 对甲苯的去除率最高，吸收量达到 44mg/L；

（3）最佳吸收条件下，吸收剂与薄荷精油按 95：5 的比例复配，结果表明 BDO 与薄荷精油的混合液对甲苯具有较高的去除率，吸收量达到 33.4mg/L；

（4）对于 BDO 与薄荷精油的混合液：最佳吸收条件下，BDO 与薄荷精油按照不同的配比进行混合吸收甲苯实验，结果表明，薄荷精油起到调节吸收剂气味的作用，并没有对吸收甲苯起到促进作用。总结可知，BDO 对甲苯具有较高的吸收效果，与国外同类产品相比较，BDO 的去除率略高，在吸收甲苯的工程应用上，BDO 具有处理成本低、效率高、操作简单等特点，具有较好的市场前景，可以推广使用。

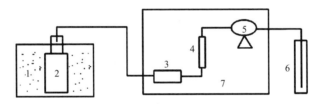

1.沙浴锅；2.甲苯；3.硅胶干燥管；4.气体流量计；5.采样器气泵；6.吸收管；7.气体采样器

图 4-5　甲苯气体发生和吸收装置

苯系物是大气污染的重要来源，大量含苯系物的工业废气排入大气，除使大气环境质量下降外，同时也给人体健康带来严重危害，给国民经济造成巨大损失。一般来说，苯系物是非极性或弱极性化合物，难溶或不溶于水，但表面活性剂可显著增大疏水性有机物在水中的溶解度。通过向吸收剂中加入一定配比的助表面活性剂形成微乳液，与单一表面活性剂溶液相比，能够产生超低油–水界面张力，表现出更强的增溶能力，从而对有机污染物具有较高的去除效率。昆明理工大学环境科学与工程学院曾俊等[20]以填料塔为主要吸收设备，分别研究了吸收液浓度、进气甲苯浓度、喷淋速率及加入不同配比的助表面活性剂对甲苯吸收量的影响，以期为表面活性剂吸收处理有机废气的应用提供一定的理论依据。甲苯气体从填料塔下部进气，吸收液从塔顶向下喷淋，净化后的气体从塔顶排气口排出。填料塔的上下均设有气体采样点，采样后用气相色谱仪进行定量分析，吸收后富含甲苯的吸收液回流到储液槽，经潜水泵至塔顶回用，液体流量通过流量计来调节。实验发现：①喷淋速率对甲苯的增溶吸收量的影响较小，甲苯的增溶吸收量随进气甲苯浓度的增大而增大，在吸收时间为 600～700min 处，进气甲苯浓度每增加 1000mg/m³，甲苯的增溶吸收量增加 100mg/L 左右；对单一表面活性剂而言，甲苯的增溶吸收量随着十六烷基溴化铵(CTAB)溶液浓度的增大而增大，当浓度小于 0.5 倍临界胶束浓度(CMC)时，甲苯的增溶吸收量较小，当浓度大于 1.0 倍 CMC 时，甲苯的增溶吸收量明显提高，在 0.5 倍和 1.0 倍 CMC 之间出现了明显分界；②在不同浓度的 CTAB 溶液中，添加与 CTAB 质量比为 1：1 的助表面活性剂四丁基溴化铵(TBAB)后，甲苯的增溶吸收量明显提高，几乎是相同浓度的单一表面活性剂增溶吸收量的 2 倍，且在 0.5 倍与 1.0 倍 CMC 之间未出现明显分界，说明添加 TBAB 后形成了微乳液，使得溶液在较低浓度下就能大量增溶甲苯，进一步的实验结果还表明 TBAB 质量占比越大，甲苯的增溶吸收量也越大。

微乳液能增大甲苯表观溶解度，田森林等[21]利用甲苯可以和非离子表面活性剂及相应助表面活性剂水溶液形成微乳液，从而增大甲苯表观溶解度的特性，设计吸收液组成并考察对甲苯废气的净化效果，探讨了吸收剂组成、表面活性剂种类及浓度、喷淋量、甲苯浓度负荷和助表面活性剂的加入及其种类对甲苯去除率的影响。结果表明，微乳液的去除率要明显大于单一表面活性剂溶液及水溶液，微乳液的最高去除率为 41%，Tween-20 单一表面活性剂最高去除率为 35%，而水则为 31%。添加了表面活性剂后，降低了溶液的表面张力，去除率降低较缓慢，吸收持续时间远远长于水溶液，尤其是微乳液体系，去除率更高于单一表面活性剂溶液。表面活性剂的增溶作用，只在临界胶束浓度以上，胶团大量生成后才显现出来。当 Tween-20 浓度低于 CMC 时，甲苯去除率迅速下降，当 Tween-20 浓度高于 CMC 后，甲苯去除率随着表面活性剂浓度的增高而逐渐增大，随着实验的进行，去除率缓慢降低。因此，当 Tween-20 浓度高于 CMC 后，由于胶束的大量产生，吸收剂的吸收容量明显增大，且随着表面活性剂浓度的增大，胶束量随之增大，吸收剂的最大去除率及吸收容量都随之增加。

助表面活性剂可以改变表面活性剂的表面活性及亲水-亲油平衡性，参与形成胶束，影响体系的相态和相性质。常用的助表面活性剂包括醇、酸、胺三大类。考虑到助表面活性剂具有高沸点、结构简单、低挥发性、低毒等特点，田森林等[21]研究比较了正丁胺、正丁醇和正丁酸三种助表面活性剂对提高微乳液体系甲苯吸收性能的影响。结果表明助表面活性剂的加入可以不同程度地提高甲苯去除率，延长吸收时间。不同的是，单一表面活性剂溶液吸收甲苯后，去除率曲线呈缓慢下降状，添加助表面活性剂后，去除率总是先升高后下降。通过吸收量随时间的变化关系可以更明显地看出，助表面活性剂的添加可以不同程度地增大吸收容量，尤其是正丁胺为助表面活性剂时，吸收容量提高至 Tween-20 单一表面活性剂溶液的 2.41 倍，三种助表面活性剂提高吸收剂增溶吸收能力的顺序为：正丁胺>正丁醇>正丁酸。实验所用助表面活性剂均为极性有机物，助表面活性剂的加入导致表面活性剂在水溶液中的 CMC 值有很大下降(表 4-1)，而正丁胺的加入最大限度地降低了 CMC 值，可使溶液在较低表面活性剂浓度条件下即可形成胶束；同时，助表面活性剂也可降低胶束有序排列及形成氢键的能力，使胶束变疏松；另外，这些助表面活性剂更易进入胶束内核，使胶束胀大，有利于污染物分子进入扩大的栅栏层中增加其吸收量。

表 4-1　不同表面活性剂 CMC 值

表面活性剂	HLB	助表面活性剂	CMC/(mg/m³)
Tween-20	16.7	—	0.0725
		正丁醇	0.0614
		正丁酸	0.0541
		正丁胺	0.0430
Tween-40	15.6	—	0.0347
Tween-60	14.9	—	0.0308
Tween-80	15.0	—	0.1310

由于许多有机溶剂自身也存在一定的蒸气压，如果苯系有机废气物的量较大，通过填料塔、喷淋塔等吸收装置吸收气体的过程中气液接触频繁，高沸点的有机溶剂容易被有机废气带出造成溶剂损失和二次污染。中国科学院研究人员[22]采用自行设计的吸收装置，对比研究了国内外文献报道的几种有机废气吸收液(二乙基羟胺、聚乙二醇 400、硅油、食用油、废机油和 0#柴油)对甲苯废气的吸收效果。结果表明改变吸收液种类、废气中甲苯浓度等条件能够对甲苯废气吸收效果产生显著影响。随着吸收时间的延长，吸收液对甲苯的吸收率逐渐降低，直至达到动态饱和。随着甲苯废气中甲苯浓度的增大，吸收液的有效吸收量减小，而饱和吸收量则增大。在相同实验条件下，二乙基羟胺(DEHA)对甲苯的有效吸收量与饱和吸收量均最大，其次是食用油、机油、0#柴油，而聚乙二醇与硅油吸收效果最差，研究结果为合理选择甲苯废气的高效吸收液提供了理论依据。通过对比分析不同吸收液对不同浓度(500～10000mg/m³)甲苯的模拟废气的吸收曲线，发现对于某种吸收液，改变进气端甲苯浓度主要影响吸收参数，而不影响其吸收曲线的总体趋势，也不影响不同吸收液的相对效果评价。随着吸收时间的延长，排放尾气中甲苯的浓度随之增大，甲苯废气的吸收率逐渐降低。这种吸收规律可根据体系的气液平衡原理来解释。在吸收过程中，废气中的甲苯向吸收液进行质量传递，同时也发生液相中的甲苯分子向气相逸出的质量传递过程。当吸收液中甲苯浓度与甲苯废气中的甲苯浓度达到一定比例，吸收过程的传质速率等于解吸过

程的传质速率时，气液两相也就达到了动态平衡，这时吸收液对甲苯就不再具备
吸收能力。不同吸收液吸收曲线的差别主要体现在吸收速度与达到吸收饱和的时
间上。DEHA 在开始吸收时吸收速度最快，达到吸收饱和的时间最长，其次是食
用油、机油、0#柴油及 PEG（聚乙二醇）400，而 PDMS 硅油吸收速度最慢，达到
吸收饱和的时间最短。当气相甲苯分子与吸收液接触时，两相之间会产生一个相
界面，在相界面两侧分别存在着可流动层状气膜和液膜。甲苯分子必须以分子扩
散方式从气相主体连续通过这两个膜层而进入液相主体。由于气相与液相中的甲
苯浓度是不同的，所以两层膜内存在着一定的浓度梯度，为甲苯的扩散行为提供
了动力。但是在扩散过程中甲苯分子会遇到两层膜之间的扩散阻力，而吸收液的
黏度对这种阻力的大小起到关键的影响，具体反映在吸收液与被吸收物之间的传
质效应以及分散效应上。黏度较低的吸收液形成的液膜分子间内摩擦阻力较小，
甲苯进入吸收液的阻力也较小，吸收效果较好。吸收液自身黏度较大时，甲苯分
子受到的扩散阻力较大，甲苯进入吸收液的传质效果与分散效果变差，导致气相
很难进入液相进行物质交换，因此就降低了吸收液对甲苯的吸收性能。根据亨利
定律可知，在一定条件下体系达到气液平衡状态时，气相中溶质的蒸气压与溶剂
中的溶质浓度具有正比关系。当甲苯废气的进气浓度增大，即气相中甲苯的蒸气
压增大，为了维持气液平衡状态，相应的液相中的甲苯浓度也会增大，并促进了
甲苯分子从气相往液相体系中转移的趋势，吸收液能在更短的时间内达到吸收饱
和。由于吸收液自身传质效应与分散效应的限度，限制了吸收液的吸收速率，增
大进气甲苯浓度也将会导致吸收液对甲苯吸收率的降低（表 4-2）。

表 4-2　不同吸收液对甲苯有机废气的吸收效果对比

吸收液	对比文献 实验条件	吸收效果	文献[22]研究数据 实验条件	饱和吸收量 /(mg/g)
DEHA	进气浓度：3700mg/m³；气流量：100L/h；吸收液体积：150mL	饱和吸收量：13.3g/L	进气浓度：3000mg/m³；气流量：100L/h；吸收液质量：25g	10.9
PEG400	进气浓度：3700mg/m³；气流量：100L/h；吸收液体积：150mL	饱和吸收量：6.9g/L	进气浓度：3000mg/m³；气流量：100L/h；吸收液质量：25g	6.2
PDMS	进气浓度：3700mg/m³；气流量：100L/h；吸收液体积：150mL	饱和吸收量：5.32g/L	进气浓度：3000mg/m³ 气流量：100L/h；吸收液质量：25g	4.8
食用油	进气浓度：10283.48mg/m³；气流量：12 L/h；吸收液体积：50ml	最大吸收率：95%	进气浓度：10000mg/m³；气流量：100L/h；吸收液质量：25g	13.3

续表

吸收液	对比文献 实验条件	吸收效果	文献[22]研究数据 实验条件	饱和吸收量 /(mg/g)
废机油	进气浓度: 10283.48mg/m³; 气流量: 12L/h; 吸收液体积: 50ml	最大吸收率: 95%	进气浓度: 10000mg/m³; 气流量: 100L/h; 吸收液质量: 25g	12.8
废机油	进气浓度: 500~2500mg/m³; 空塔气速: 70m/h; 气液比: 2.5L/m³	最大吸收率: 95%~98%	进气浓度: 500mg/m³; 气流量: 100 L/h; 吸收液质量: 25g	1.6
0#柴油	进气浓度: 1760mg/m³; 气流量: 5000m³/h	最大吸收率: 97%	与文献[22]实验结果缺乏可比性	

综上所述, 如何选择有效的喷剂, 影响吸收效果的因素有哪些, 什么样的条件能使苯系物废气吸收最大化, 不仅要从吸收的原理、吸收液的性质等理论方面出发, 还要通过大量的实验得出数据来支持理论, 最终在实际中得到应用[11]。

4.2.2 空气净化喷剂在甲醛去除上的应用

甲醛是室内空气的代表性污染物之一。甲醛是一种全身性毒物, 是室内环境污染的罪魁祸首之一, 1995 年甲醛就被国际癌症研究机构确定为可致癌物(表4-3), 在我国有毒化学品优先控制名单上高居第二位。由于甲醛的高毒性, 针对它的去除研究近年来发展越来越快, 空气净化喷剂因其针对性强, 对游离甲醛的去除速度快, 相关的研究也取得了一定的进展。

表 4-3 甲醛浓度与人体健康的关系

甲醛浓度/(mg/m³)	对人体影响
< 0.06	影响很小
0.06~1.2	嗅觉临界
0.06~2.0	神经系统受影响
0.01~2.5	眼睛刺激感
0.12~30	上呼吸道刺激感
6~37	下呼吸道刺激和肺部受影响

甲醛净化喷剂所用材料的种类很多, 只要是可以通过与甲醛发生反应来吸收甲醛的物质都可视为有效的甲醛吸收材料。其主要是利用相应喷剂中的各种化合

物与甲醛发生络合、氧化、加成等反应,生成二氧化碳、水及无毒的反应产物,以达到破坏或者分解甲醛,从而消除甲醛的目的[23]。根据甲醛净化喷剂的活性反应类型区分,甲醛吸收材料可以分为以下四类。

1. 强氧化性吸收材料

甲醛具有还原性,将其与具有强氧化性的无机物反应,可被氧化成甲酸,从而降低甲醛的含量[24]。常见的强氧化剂有过氧化氢、次氯酸、二氧化锰、过硫酸氢钠、过硼酸钠等。东华大学研究人员[25]在同样的环境实验舱内中考察了加入高锰酸钾的喷剂与未加入高锰酸钾的喷剂对甲醛净化性能的差异,结果发现高锰酸钾溶液对甲醛气体有明显的去除效果。二氧化氯是一种强氧化剂,与很多物质能发生剧烈反应。二氧化氯腐蚀性也很强,能与 Zn、Ca、Al、Mg、Ni 等反应生成相应的亚氯酸盐。二氧化氯中的氯为正 4 价,具有强氧化性,能与许多有机和无机化合物发生氧化还原反应;而氯气的氧化能力要弱于二氧化氯,与有机化合物反应多是取代或加成反应且氯气毒性更大。空气中的甲醛能被二氧化氯氧化成甲酸,并进一步被氧化为安全无害的二氧化碳和水。

邓飞英[26]将国际上规定的二氧化氯短期接触限值 $0.3mg/m^3$ 作为实验设计的最高浓度。研究发现,二氧化氯在空气中能很快与甲醛等有机物反应,且自身也会歧化分解成 ClO_2^- 和 ClO_3^-,而 ClO_2^- 也具有有一定氧化能力,继续与空气中甲醛等有机物发生反应。因此,当二氧化氯扩散到室内各点时,ClO_2 会因与室内甲醛反应而快速消耗,室内的 ClO_2 浓度会更低,视室内有机物污染情况,可低于二氧化氯长期接触限值 $0.3mg/m^3$,理想情况下浓度可以为零。在此浓度下,二氧化氯将对人完全无害,并能有效地清除室内甲醛污染。

虽然二氧化氯具有很好的氧化性,但不稳定,受热或遇光易分解成氧和氯气,因此可将二氧化氯制成具有缓释效果的颗粒或凝胶,使其在使用过程中不断地释放二氧化氯从而达到消除污染物的目的。云虹等[27]针对人造板长期释放甲醛的特点,利用圆珠状吸水树脂将二氧化氯制成缓释制剂,并通过调整配方控制释放速度,从而达到长期有效地降低人造板甲醛释放量的效果,为降低人造板甲醛的释放量提供了理论指导。研究发现,在圆珠状吸水树脂中,二氧化氯的释放速率随着放置时间的增加而递减(图 4-6)。前 10d 二氧化氯的平均释放速率为 2.3mg/h,10d 之后二氧化氯的释放速率下降明显,第 27d 二氧化氯的释放速率降低到 0.1mg/h。这是因为,圆珠状吸水树脂在吸收了稳定二氧化氯溶液后,将其通过氢键和范德瓦耳斯力固定在树脂网络上,高吸水性树脂所形成的网状结构减慢了酸性活化剂与稳定二氧化氯的反应速率,同时生成的二氧化氯气体也受到树脂分子链结构的影响,减慢了向空气中释放的速度,从而延长二氧化氯释放的时间,达到缓释的效果。云虹等[27]的实验结果表明刨花板和中密度纤维板的甲醛释放量经缓释二氧化氯处理后有明显下降，放置 9d 后，检测到的刨花板甲醛释放量平均降低 49.2%、中密度纤维板降低 52.5%。这说明，以圆珠状吸水树脂作为吸附剂的缓释型二氧化氯具有较好的释放效果，二氧化氯可以慢速持久地释放，并与人造板不断释放的甲醛发生反应，从而有效降低甲醛污染。在 9d 的时间内，人造板甲醛的释放量随着时间的增加有微量的降低，而缓释二氧化氯在 9d 的时间内其释放量是相对稳定的。

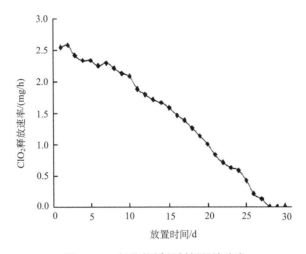

图 4-6　二氧化氯缓释制剂释放速率

2. 亲核反应类吸收材料

甲醛中的碳氧双键易与亲核试剂发生亲核加成反应。一般是亲核试剂先进攻羰基中的碳原子，然后带正电荷的亲电部分加到氧原子上。亲核试剂是具有未共用电子对的负离子和中性分子，是电子对的给予体。它在化学反应过程中以共用电子或给出电子的方式与其他分子或离子生成共价键。能和甲醛发生亲核加成反应的物质主要有氨类物质、胺类衍生物、酚类物质、甲基上有活泼氢的物质四大类。

(1)氨类物质，最常见的有尿素、氨基脲等。尿素易与甲醛反应生成一羟甲基脲和多羟基脲，其成本低廉，是传统甲醛喷剂的主要有效成分，Uchiyama 等[1]研究了尿素作为喷剂有效成分对夹合板释放甲醛的吸收性能，研究人员对家用环境中的橱柜进行尿素吸收处理，并设置了对照实验。实验结果表明，尿素的加入显著提高了夹合板的安全性，橱柜中的甲醛浓度从处理前的 $1500\mu g/m^3$ 快速降低到 $130\mu g/m^3$，研究还发现，随着环境温度的升高，没有处理过的橱柜中甲醛释放量迅速提高，但经过尿素吸收处理可以始终将甲醛浓度控制在安全水平以内。当温度或 pH 相同时，尿素的添加量越大除醛率越高；当添加量相同时，除醛率受温度和 pH 影响，温度越高除醛率越高，pH 越小除醛率越高。在常温中性条件下，尿素捕捉甲醛反应可以在 1～2h 内完成；而相同添加量的尿素在 50℃或 pH = 4 条件下，反应 1～4h 时除醛率增速保持提升，最终表现出较高的除醛率[28]，因此，以尿素作甲醛捕捉剂时选择酸性条件或较高温度较为适宜。为长期控制人造板中游离甲醛的释放，降低其对人体健康的危害，东北林业大学王巍聪等[29]以尿素为功能芯材制备缓释型甲醛捕捉微胶囊，并将其应用于人造板中制备具有甲醛控释功能的薄木饰面板。结果表明，以尿素为芯材、乙基纤维素为壁材制备的微胶囊，在芯材、壁材质量比为 2∶1 时，能够获得表面具有规则孔隙结构的微胶囊。该微胶囊对甲醛水溶液的降解率在 30min 内可达 44.1%。添加微胶囊的薄木饰面板与未添加微胶囊的薄木饰面板相比，甲醛的释放量在 5d、8d、12d 和 20d 分别下降了 36.2%、48.3%、54.7%和 55.6%。这表明无论是短期还是长期，尿素微胶囊甲醛捕捉剂均能够对人造板中的游离甲醛起到很好的抑制作用。在 5～8d 时甲醛释放量下降速率最大，之后逐渐变慢并趋于平缓。在新制备的人造板中，初始测试阶段的游离甲醛含量最高，微胶囊中芯材尿素快速集中的释放抑制或消除了大部分游离甲醛。随着测试时间的延长，人造板中游离甲醛的浓度降低，微胶囊持久地释放尿素，捕捉低浓度的游离甲醛。因此，测试初期甲醛浓度降低速率较快，随时间的延长逐渐趋于平缓，从而实现对游离甲醛的长期抑制。

　　(2)胺类衍生物，甲醛可以和含有氨基的有机物质如羟胺、肼、苯肼、2,4-二硝基苯肼以及氨基脲等物质结合，各自生成如腙、苯腙、肟、2,4-二硝基苯腙及缩氨基脲等，从而达到固定甲醛的效果。甲醛和肼的反应也可以用于消除氨基树脂中的游离醛，但是由于肼的分子量小、易挥发、毒性较大，不适用作消醛剂。到目前为止，适用于三聚氰胺甲醛树脂、脲醛树脂等氨基树脂的甲醛吸收材料最为常见，研究也最多。刘长风等报道[30]甲醛和胺类衍生物反应就是衍生物的胺基和甲醛的亲核加成反应，生成的羟甲基具有活性，是继续发生分子间的反应还是分子自身的反应主要由反应条件决定。甲醛和氨基脲反应生成的缩氨基脲具有与氨基树脂较相似的组成，其中间产物在一定条件下又可能和氨基树脂发生缩合反应，成为氨基树脂的改性剂，较适用做氨基树脂的消醛剂。虽然上述胺类衍生物(羰基化试剂)的亲核性不强，反应一般需在酸的催化下进行，但氨基树脂在应用时也是在酸性条件下发生缩聚反应，其酸性条件同时可以满足氨基脲和甲醛的反应。更重要的是消醛剂应不仅能反应掉氨基树脂中的游离甲醛，同时更能快速反应掉氨基树脂固化时新释放出的甲醛，而后者是终端产品中游离醛的主要组成。

　　甲醛羰基中的 π 键极化后，使得氧原子带部分负电荷，碳原子带部分正电荷，在反应中，分子中的碳氧双键很容易被氨及胺类衍生物进攻，并发生亲核反应，生成一种常温下稳定的化合物，进而将甲醛固定。方瑞娜等[31]选取硫酸铵、二乙醇胺、二正丙胺和二乙烯三胺为甲醛喷剂有效成分，探讨了溶液的 pH、清除剂浓度和清除时间对甲醛清除率的影响。结果表明：甲醛清除率先随着溶液 pH 的增大而增加，在 pH＝11 时达到最大，随后随着 pH 的增大而减少。这可能是因为，较低或较高的 pH 条件，均不利于甲醛的亲核反应，胺类甲醛清除剂溶液的较佳 pH 为 11。随着清除剂浓度的增加，甲醛的清除率增大。当溶液物质的量浓度增大到 0.1mol/L 时，再增大溶液浓度，甲醛的清除率变化不大。这主要是因为，当清除剂溶液浓度较低时，其量不足以吸收甲醛。随着清除剂溶液浓度的增加，甲醛的吸收量增多，吸收率提高，当溶液物质的量浓度达到 0.1mol/L 时，就足以吸收板材中的甲醛。所以，继续增大吸收液浓度，甲醛清除率变化不大，胺类甲醛清除剂溶液的较佳浓度为 0.1mol/L。随着反应时间的延长，甲醛清除率有所下降，当反应时间超过 18h 后，甲醛清除率基本保持不变。另外，与有机胺相比，硫酸铵对甲醛的清除率较低。但硫酸铵作为一种廉价的无机铵盐，在碱性介质的 pH 适宜的条件下，反应速率明显快于有机胺，但其长效性又低于有机胺。由于有机胺的 pH 大多在 11 左右，因此，将硫酸铵与有机胺按一定比例合理复配，便可制备出高效且成本低廉的甲醛净化喷剂。研究硫酸铵与有机胺的复配实验表明，将硫酸铵与二乙醇胺、二正丙胺、二乙烯三胺分别按照质量比为 1∶2.5、1∶3 和 1∶2.5 复配，可以制备出性能更为优异的胺类甲醛清除剂。

美国的一项研究认为含羰基和氮的五元杂环化合物具有很好的消醛效果，其中包括环脲化合物，其分子中的亚胺基团和甲醛的亲核加成反应速度很快。美国的另一项研究对一些消醛剂的消醛效果进行了比较，认为含有亚胺基团但不含羰基的杂环化合物，都具有很好的消醛效果，其物性如表 4-4 所示。

表 4-4　几种甲醛吸收材料的物性

CAS 号	中文名称	分子式	分子质量/(g/mol)	熔点/℃	沸点/℃
95-14-7	苯并三唑	$C_6H_5N_3$	119.12	94～99	204
51-17-2	苯并咪唑	$C_7H_6N_2$	118.13	171～174	360
615-15-6	2-甲基苯并咪唑	$C_8H_8N_2$	132.16	—	—
288-32-4	咪唑	$C_3H_4N_2$	68.07	87～90	255~256
120-72-9	吲哚	C_8H_7N	117.15	—	—
288-88-0	三唑	$C_2H_3N_3$	69.05	119～122	260

(3)酚类物质，苯环上有剩余的能够与甲醛反应的空位(如酚羟基对位、酚羟基邻位)的酚类物质，就能与甲醛发生反应，实现对甲醛的固定。最常见的是含有间苯二酚单元的酚类物质，能与甲醛发生聚合发应，并且活性非常的高，对甲醛有非常好的捕捉效果。市场上的甲醛净化喷剂种类繁杂，使用过程中添加工艺、

掺量(相对于胶黏剂质量而言)不明确。侯兴爱等[28]对几种代表性的甲醛净化喷剂(如乙烯脲、壳聚糖、己二酸二酰肼、间苯二酚、尿素、单宁酸以及花生壳液化物等)进行性能分析,研究了除醛率以及除醛率随时间的变化规律,并以胶合板的甲醛释放量和胶接强度为指标,探讨了甲醛净化喷剂对胶合板上述性能的影响。研究结果表明:甲醛净化喷剂在胶黏剂中的除醛效果依次为己二酸二酰肼>乙烯脲>壳聚糖>间苯二酚,而尿素对甲醛的捕捉性能与温度和 pH 有关。上述甲醛净化喷剂均能有效降低胶合板的甲醛释放量(均达到 E1 级标准),并且甲醛净化喷剂中己二酸二酰肼、乙烯脲和间苯二酚应用于胶合板的效果较佳,而且前两者在降低板材甲醛释放量的同时对胶接强度的影响也不大。通过比较酚类物质实验结果发现,相较于苯酚而言,间苯二酚多了一个羟基,故与甲醛的反应活性相对更大,在常温下也可以进行。间苯二酚可以和甲醛发生邻位取代反应,其反应产物主要由间苯二酚添加量决定:当间苯二酚的添加量较大时,反应产物多为一元酚醇;当间苯二酚的添加量较小时,生成一元酚醇后,会继续和甲醛反应生成二元酚醇,故不同添加量的间苯二酚能达到相同的除醛率。不同含量间苯二酚的除醛率随时间变化关系曲线如图 4-7 所示。当不同添加量的间苯二酚在反应 1~2h 时,除醛率均缓慢提升,而反应 2~4h 时除醛率均急剧增加。随着间苯二酚添加量的增加,初始除醛率也随之增加,反应 4h 后,不同添加量的间苯二酚的除醛率基本一样(介于 51%~53%)。因此,以间苯二酚为甲醛净化喷剂时,其添加量对初始除醛率影响显著,而对最终的除醛率无明显影响。

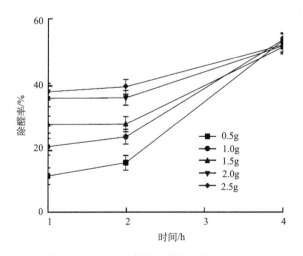

图 4-7 间苯二酚的除醛率随时间变化曲线

(4)具有次甲基活泼氢(α-H)的化合物,如乙酰乙酸甲酯、丙二酸二甲酯等。和羟基(—OH)、醛基(—CHO)、羧基(—COOH)等官能团直接相连的碳原子被称

为 α 碳原子，α 碳原子上的氢原子被称为 α 氢，由于受相邻官能团的影响，α 氢有比较大的活性。而这类甲醛净化喷剂去除甲醛的原理就是利用化合物中的次甲基 α 氢与甲醛发生亲核加成反应。

3. 催化氧化类吸收材料

催化剂可促进甲醛与空气中氧进行反应，生成水和二氧化碳。催化主要分为光催化和贵金属催化。其中，光催化的原理为：当价带上的电子被能量等于或大于禁带宽度的光照射时，价带上的电子就会被激发跃迁到导带上，而价带上也产生相应的空穴，并在电场的作用下进行分离。半导体具有填满电子的低能价带和空的高能导带，而价带和导带之间存在禁带，这就构成了半导体粒子能带的结构[32]。半导体光催化剂的光生空穴，具有强劲的氧化能力，能氧化有机物。目前使用较多的光催化剂是 TiO_2，TiO_2 吸收波长≤387.5nm 的紫外线才能产生电子–空穴对，因此使用 TiO_2 作光催化剂时，一般使用≤387.5nm 的紫外光。

理想状态下，光催化技术具有无二次污染的优点，即能将有机物彻底氧化分解成 CO_2、H_2O 等小分子无机物。但事实并非如此，很多研究表明，在光催化降解大分子有机物比如苯系物时，会产生一些其他有机物，分子量或大或小，但并没有完全分解成 CO_2、H_2O 等小分子无机物[6]。光触媒类清除剂处于紫外灯照射激发的情况下具有良好的去除效果，最高去除率能达到 94%。但在消费者的生活领域中，太阳光中只有 8%的紫外线，远达不到激发光触媒反应的能量，且并不是任意场所都可以额外增加紫外灯，因此市面上大多光触媒类清除剂并不能有效地做到清除甲醛[33]。路风辉等[34]为了解市售生物酶型和光触媒型空气净化剂对甲醛和甲苯(代表苯系物)的净化效果，对广东省内畅销的两类空气净化产品(生物酶类和光触媒类各 14 种)进行了研究评价。测试在两个 $2m^3$ 模拟测试舱中进行，其中一个放置样品为样品舱，另一个放置空白玻璃板为对比舱。依据 JC/T 1074—2008《室内空气净化功能涂覆材料净化性能》和 GB/T 18883—2002《室内空气质量标准》进行检测。用微量注射器向测试舱的注射口注射 0.2g 甲醛和甲苯(分析纯)，测试舱内甲醛和甲苯初始浓度(C_0，100.0mg/m³)分别是 GB/T 18883—2002 限值(0.10mg/m³ 和 0.20mg/m³)的 100 倍和 50 倍。开启风扇后，每隔一定时间测定舱内空气中甲醛和甲苯的浓度，计算自然衰减率(空气的本底浓度为 0.05mg/m³)。净化效率的测定：将 2g 空气喷剂均匀涂覆在玻璃板上(每块玻璃板 0.5g)，自然晾干 1min，置于环境测试舱中，其他步骤与自然衰减率的测试相同，观察 48h。结果显示，0～24h 内甲苯的 24h 自然衰减率为 12.5%，24～48h 的自然衰减率为 0.01%。同样浓度的甲醛自然衰减率高于甲苯，0～24h 内的自然衰减率为 13.8%，24～48h 的自然衰减率为 0.03%。甲醛的 24h 净化效率范围：43.6%～95.4%，甲苯为 44.3%～87.7%。生物酶型净化剂 24h 内对甲醛的净化效率为

43.6%～77.2%，平均值为 64.0%；对甲苯的净化效率范围为 44.3%～84.3%，平均值为 70.8%。光触媒型净化剂 24h 内对甲醛的净化效率范围为 83.5%～95.4%，平均值为 90.0%；对甲苯的净化效率范围为 32.5%～87.7%，平均值为 80.5%。上述结果表明，光触媒型净化剂对甲醛和甲苯的净化效率均高于生物酶型，24h 净化效率平均值提高了 10%～20%。同类空气净化剂对甲醛和甲苯的净化效果呈正相关 ($r = 0.97$，$P < 0.05$)。不同类型净化剂对甲苯和甲醛的 24h 净化效率有差异，即使 24h 净化效率在 70%以上的空气净化剂，净化效率达到 70%以上所需要的实际时间可相差数倍，如某种净化剂对甲苯的净化效率达到 70%时需 8h，而其对甲醛仅需 2h。

4. 生物类甲醛捕捉剂

生物类甲醛捕捉剂(生物酶)以天然生物质为原料，利用其自身含有的可与甲醛反应的如氨基化合物、酚类物质等成分，实现对甲醛的固定或者捕捉。常见的有茶叶基捕捉剂、蛋白质基捕捉剂、树皮基捕捉剂、芦荟提取液、菊花提取液、常春藤提取液、天然中草药捕捉剂等。生物酶类甲醛清除剂能够去除部分甲醛，但是最高去除率只有 77%。生物酶类甲醛清除剂多为植物或微生物体内提取的胺类、酚类等物质，其能催化分解甲醛为二氧化碳和水。一些胞菌和杆菌类微生物内的活性物质也能够降解甲醛，但需要特定的温度和 pH 才能发挥良好的除醛性能。清除剂中的活性成分一旦超过其对甲醛的耐受浓度，生物酶就会失效，从而丧失去除甲醛的能力，所以试验数据并不理想[33]。

谢洪柱等根据消除甲醛的反应机理[35]，从苦木、吴茱萸、青黛、鱼腥草、决明子等几味中草药中提取能消除甲醛的活性物质，生物碱的提取采用 95%乙醇冷凝回流法，挥发油的提取采用水蒸气蒸馏法，最终制得中草药甲醛吸收材料。在经过反复初试后，研究人员对其消除室内空气中的甲醛进行性能检测(图 4-8)。通过选择两个大小相似的密闭实验室(约 $30m^2$) A 和 B，各喷入相同量的 37%甲醛溶液，打开电风扇使甲醛气体在实验室混合均匀，经过 30min，让甲醛充分挥发弥漫实验室。实验室 A，按 $2mL/m^3$ 喷施甲醛吸收材料；对照实验室 B，不喷施任何试剂。分别于 8:00、9:00、10:00、11:00、12:00、13:00、14:00、15:00、16:00、17:00、18:00、19:00、20:00 用大气采样仪对各密闭实验室的空气取样，每次采样时间为 40min，并用现场未采样的空白吸收管的吸收液进行空白测定，根据《空气质量 甲醛测定 乙酰丙酮分光光度法》(GB/T 15516—1995)测试空气中甲醛浓度。从图 4-18 可以看出，喷洒了吸收材料的空气中甲醛浓度显著降低，最高消除率高达 93.86%，且持久性好。对照组 B 甲醛自然衰减过程中浓度下降得比较缓慢，12h 只下降了 14.88%。至于自然衰减过程中甲醛浓度下降变化的原因，是由于甲醛的性质不够稳定，在空气中容易聚合形成三聚甲醛，另一个原因可能是甲醛气体吸

附在密闭实验室的内壁上。对照组 B 甲醛浓度在 14:00 左右有所回升，分析其原因
是，甲醛浓度随室内温度变化而变化。温度高时甲醛浓度高，温度变化 1℃，甲醛浓
度变化约 5%。14:00 是一天中温度最高的时刻，因而甲醛的浓度有所波动。

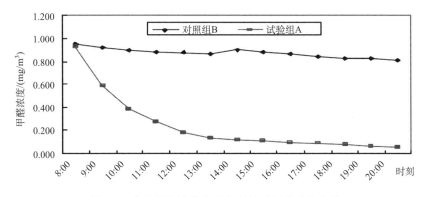

图 4-8　生物提取液作为吸收材料对甲醛吸收曲线

　　以吸收材料作为主要活性成分的甲醛净化剂的研究越来越多，但由于相应测
试标准的缺失，市场上目前鱼目混珠，各种原理的吸收净化剂层出不穷。华南理
工大学吴嘉碧[23]选择了市面上比较常见并受消费者欢迎的国内或国外引进的各
种空气净化剂产品，囊括了常见的各种类型，其中包括 15 种甲醛清除剂、6 种光
触媒和 3 种生物酶，并对其甲醛吸收净化效果进行了详细测试，测试数据见表 4-5。
根据 JC/T 1074—2008 的要求，达标的指标是清除率≥80%，从表 4-5 可以知道，
符合标准要求的为 2 家，合格率只有 8.3%。其中清除效果最差的仅有 49.0%。而
处理后甲醛浓度符合 GB/T 18883—2002《室内空气质量标准》中甲醛含量的指标
的也只有 9 个样品，占总样品数的 37.5%。本次试验 6 个光触媒样品均不符合标
准的要求，但由于大部分的光触媒都需要较大强度的光照，有些甚至需要紫外线
激发。而 JC/T 1074—2008 规定的光源为 30W 的日光灯，可能会影响其清除效率。
由此结果可以看出，现在市面上的空气净化剂的质量确实存在参差不齐的情况，
行业的质量有待进一步规管，相关评价标准的研究也有待进一步完善。

表 4-5　甲醛清除效果测试结果

序号	样品名称	样品种类	甲醛清除率/%	吸收后甲醛浓度/(mg/m³)
1	家具除醛触媒	甲醛清除剂	70.6	0.12
2	甲醛特效溶解酶	甲醛清除剂	54.9	0.17
3	甲醛特效溶解酶	甲醛清除剂	49.0	0.20
4	强力除醛剂	甲醛清除剂	88.6	0.05
5	甲醛清除剂(强力型)	甲醛清除剂	61.4	0.15

序号	样品名称	样品种类	甲醛清除率/%	吸收后甲醛浓度/(mg/m^3)
6	家具甲醛清除剂(净醛1号)	甲醛清除剂	87.9	0.05
7	家具甲醛清除剂	甲醛清除剂	72.5	0.11
8	甲醛清除剂	甲醛清除剂	73.0	0.11
9	除醛专家	甲醛清除剂	75.8	0.10
10	甲醛特效溶解酶	甲醛清除剂	75.1	0.10
11	甲醛清除剂-喷雾剂	甲醛清除剂	69.1	0.12
12	纳米甲醛溶解酶	甲醛清除剂	74.4	0.10
13	纳米除甲醛触媒	甲醛清除剂	73.8	0.10
14	甲醛清除剂(家具型)	甲醛清除剂	74.6	0.10
15	甲醛清除剂(强力型)	甲醛清除剂	71.4	0.11
16	纳米光触媒	光触媒	67.8	0.13
17	光触媒甲醛清除剂	光触媒	64.7	0.13
18	触媒净化因子	光触媒	73.1	0.11
19	双激活光触媒	光触媒	71.0	0.12
20	倍效净味手喷剂-木制家具专用	光触媒	59.1	0.16
21	纳米光触媒	光触媒	64.0	0.14
22	除醛生物酶	生物酶	78.3	0.09
23	装修污染清除剂	生物酶	74.3	0.09
24	家装污染清理剂	生物酶	72.6	0.11

生物型空气净化喷剂无毒、安全性较高,不会造成腐蚀、污染,对皮肤不会造成刺激,并通过雾化来增大表面能,可与多种异味发生作用。一般喷剂经过雾化的液滴直径为 0.04mm,严敬华[36]采用手动喷雾器将试剂喷入染毒柜中,用量为 6.25mL/m^2。观察不同时间段甲醛浓度的变化情况,计算甲醛净化率,重复 3 次,且选择其他两种空气净化剂(A、B)进行对比。结果表明在不同时间段中,使用生物型空气净化剂后,甲醛的含量有所不同,40min 时甲醛含量已经为 0mg/m^3。可见采用生物型空气净化剂清除甲醛在 40min 后可完全清除。在不同净化剂对比上,生物型的甲醛净化率为 90.5%,净化剂 A 的甲醛净化率为 68.0%,净化剂 B 的甲醛净化率为 80.1%,生物型空气净化剂的甲醛净化率相对最好。

除了单一型甲醛净化喷剂,实际应用中还有很多复合型空气净化喷剂。复合型甲醛捕捉剂,或称为复合型固化剂[37],是指其兼具促进胶黏剂固化和降低板材甲醛释放量两个功能的添加剂。复合型甲醛捕捉剂中的铵盐、酸性化合物能够加速胶黏剂缩聚固化;而胺类化合物与氨相似,分子中的氮原子上含有未共用的电子对,能与 H$^+$ 结合而显碱性,对酸有很强的缓冲性,能够延迟胶黏剂的缩聚固化。

因而复合型甲醛捕捉剂与胶黏剂混合后，有必要检验固化时间的变化情况，并据此适当调整各组分的比例。

综上所述，现阶段国内外研究的甲醛去除方法有很多，但是很多效果并不理想。开窗通风、植物吸收适用于轻度甲醛污染的场合，而绝大多数效果良好的空气净化器则存在占地面积大、成本高且维修替换滤芯费用高等问题。甲醛净化喷剂因方便携带、占地空间小、价格低廉深受消费者欢迎。但是市面流通的一些甲醛净化喷剂的效果不尽人意，除醛效果很难超越传统意义上的空气净化器。因为单一种类的甲醛净化喷剂都有自己的局限性，除了研究新技术寻找新材料，利用多种技术相结合的甲醛净化喷剂也应成为我们主要的研究方向，从而真正做到高效、无二次污染、环保、低成本的去除甲醛。

4.2.3 空气净化喷剂在硫化氢去除上的应用

硫化氢(H_2S)在常温下是一种无色气体，具有独特的臭鸡蛋气味。在煤的焦化、气化，石油开采、精炼，天然气开发，污水处理，垃圾堆肥及其他许多化学工业过程中都伴有 H_2S 的产生。它具有易燃、易爆的性质以及强烈的毒性；其水溶液呈弱酸性，称为氢硫酸，它对混凝土和金属均有腐蚀性。以废气形式进入大气的硫化氢还极易被氧化为酸雨的前体物质。由此可见，气体中 H_2S 的存在不仅会引起设备和管道腐蚀、催化剂中毒，更有可能降低环境质量、损害人体健康[38]。我国对环境大气、车间空气及工业废气中 H_2S 的浓度已有严格规定[39]，居民区环境大气中 H_2S 的最高浓度不得超过 $0.01mg/m^3$；车间工作地点空气中 H_2S 最高浓度不得超过 $10mg/m^3$；城市煤气中 H_2S 的浓度不得超过 $20mg/m^3$；油品厂废气中的 H_2S 的浓度要求净化至 $10\sim20mg/m^3$。

空气净化喷剂去除 H_2S 是利用某种液体作为溶剂或反应介质来脱除混合气中的 H_2S，根据所用喷剂有效组分的不同，包括物理法、醇胺溶液法、氨法、热碳酸盐法、液相催化氧化法、液固相光催化法、生物膜法等。氨法多用于焦化厂焦炉煤气的脱硫过程，此工艺利用自产的 NH_3 做喷剂，就地取材，因而具有较大的经济优势；H_2S 含量为 2%～3%的粗天然气净化一般采用链烷醇胺类(MEA、DEA、DIPA、MDEA 等)水溶液吸收，吸收液再生时释放的 H_2S 可用 Claus 工艺处理并回收硫黄；H_2S 含量较高的天然气脱臭则一般采用有机溶剂吸收 H_2S 的工艺，该吸收为物理作用，流程简单，不需热源，常用的有机溶剂有甲醇、丙烯碳酸酯、聚乙二醇二甲醚、N-甲基吡咯烷酮等；生物膜法去除气流中的 H_2S 具有操作简单、费用低、实用性强等优点[38]，广泛应用于污水处理厂及填埋场生物气净化及其他化工工业的气体除臭过程，常用的处理设备有生物涤气塔、生物滤池和生物滴滤器等。液相催化氧化法也是一种研究和应用较多的湿式脱硫工艺，其操作条件温和、二次污染小、投资少、可回收单质硫，是一条具有广阔发展前景的工艺技术路线。该法一般由碱性吸收液吸收 H_2S，在水溶液中生成硫化物（HS^- 和 S^{2-}），硫化物与氧化剂发生反应生成单质硫，被还原的氧化剂可用空气再生继续使用。整体看来，该氧化剂起催化剂的作用。常用的催化剂有铁氰化物、氧化铁、对苯二酚、氢氧化铁、硫代砷酸的碱金属盐类、蒽醌二磺酸盐、苦味酸、萘醌-2-磺酸盐等[39]。

迄今为止开发出来的各种脱硫工艺中，干法工艺的脱硫负荷较低，脱硫剂不可再生，成本较高，一般用于工业尾气的精脱硫；湿法工艺中，液相催化氧化法能直接将尾气中的 H_2S 转化为单质硫回收，并因其高效、可再生和无二次污染等优点而备受关注，成为一条最具发展前景的工艺技术路线。唐晓龙等[40]针对 H_2S 浓度为 750～1500mg/m³ 气体的液相吸收催化氧化技术进行了动力学实验研究。配制了以铁基离子作为催化剂的复合吸收净化溶液，同时加入稳定剂和表面活性剂提高催化剂在碱性吸收溶液中的活性。分别考察了原料气中 H_2S、O_2 含量以及吸收液中铁离子浓度、温度等因素对吸收速率的影响；确定了较为理想的吸收操作条件并获得了较好的吸收净化效果。研究发现，随着原料气中 H_2S 浓度的增加，净化过程的传质动力增强，当进气的 H_2S 浓度从 242.86mg/m³ 提高到 1407.28mg/m³ 时，吸收速率的增幅达 17.65 倍；吸收液温度的升高，有利于提高化学吸收法速率，但不利于物理吸收过程，研究中总吸收速率是随温度的上升而增加的，这是由于温度的升高对提高化学吸收速率所造成的有利影响要大于对物理吸收造成的不利影响。这个结果表明化学吸收过程是该净化过程的决速步之一。在低温范围内，吸收速率的增长幅度较大，在 60～70℃之间趋于平缓，并达到最大值，75℃以后开始逐渐降低，这是由于温度对物理法速率的影响随温度的升高逐渐增强，直至成为控制步骤造成总吸收速率下降。

化学吸收法的主要原理是利用硫化氢的酸性特征，采用碱性液体与 H_2S 发生化学反应以达到脱除硫化氢的目的。醇胺法所用的脱硫剂一般为烷醇胺类，尤其以一乙醇胺和二乙醇胺应用最为广泛。一乙醇胺具有反应活性高、成本低、易于回收和烃类溶解度低等优点，但其缺点是在与同为酸性气体的 CO_2 反应过程中放出大量热，导致生成稳定的氨基甲酸酯，从而影响硫化氢气体吸收容量[41]。研究人员通过利用浓度为15%的一乙醇胺溶液研究天然气中酸性气体硫化氢和二氧化碳的脱除过程，计算结果表明在 H_2S 和 CO_2 含量分别为 2500ppm 和 1.2%（体积分数）时，一乙醇胺的循环速率约为 111m³/h，在此流量下的工艺过程最为经济节能。二乙醇胺与一乙醇胺较为类似，在还未生成氨基甲酸酯之前二乙醇胺对 H_2S 和 CO_2 混合气体的吸收没有明显选择性。N-甲基二乙醇胺（MDEA）相比于一乙醇胺或二乙醇胺溶液来说，其碱性较弱，与硫化氢反应速率慢，但另一方面 MDEA 不直接与 CO_2 反应生成氨基甲酸酯，同时具有再生简单、不腐蚀设备等有点，因此在 H₂S 和 CO₂ 共存的混合气体中选择性吸收硫化氢时，选择 MDEA 作为吸收剂是更经济环保有效的。

化学吸收法尽管有一定的适用范围，但其缺陷是对于有机硫化物如硫醇、二硫化碳或噻吩等吸收效果很差甚至完全不能吸收。物理吸收法的溶剂多为有机溶剂，因此即使硫化物的浓度很低，但在这些溶剂中都具有很大的溶解度，同时物理吸收法的解吸操作温度低于化学吸收法，溶剂回收过程中能耗更低。

离子液体由于其独特的物化性质和高度的可设计性，在近些年受到广泛的研究和应用。通常情况下，离子液体是由有机阳离子和无机阴离子通过氢键或范德瓦耳斯力连接而组成的熔融盐，研究表明这些熔融盐作为溶剂具有与普通液体溶剂或有机溶剂不同的性质。申梦瑶[41]合成了二乙烯三胺醋酸盐([DETA]Ac)、二乙醇胺乙酸盐([DEA]Ac)两种常规离子液体，三乙胺盐酸氯化铁(1.5TEAH·FeCl₄)、尿素氯化铁(2Urea·FeCl₃)两种铁基离子液体以及四丁基溴化铵/丙酸、四丁基溴化铵/己内酰胺两种低共熔溶剂，共 6 种吸收剂。考察了298～318K、0.10～0.60MPa范围内温度和压力对各吸收剂吸收 H₂S 量的影响。对于 6 种吸收剂，低温高压均有利于对 H₂S 的吸收。作者还对六种硫化氢喷剂进行再生实验，在 298K，0.15MPa 下研究了再生吸收剂对硫化氢的吸收性能。结果表明各吸收剂在进行5 次循环使用后脱除 H₂S 的性能分别降为新鲜吸收剂的 88.9%、89.3%、86.5%、84.3%、92.1%和93.1%，均能够实现较好的重复利用(图4-9，图4-10)。

硫化氢喷剂湿法工艺中，砷基工艺因为环保原因不再使用，钒基工艺由于使用含钒洗液，也会受到环保法规的限制；PDS 脱硫技术由于所用催化剂 PDS 需要合成，脱硫成本相应较高，较有发展前途的脱硫工艺将是铁基工艺，但目前这类方法在溶液稳定性、副反应控制以及再生方面等尚存在问题。张家忠等[42]通过液相催化氧化法净化 H₂S 尾气实验研究了铁离子浓度、氧含量和活性剂等因素在H₂S 的净化中对吸收液净化效率和硫容量的影响。实验结果表明，用铁离子作催

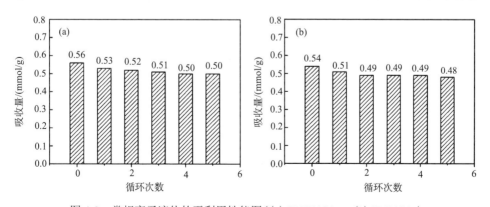

图 4-9 常规离子液体的再利用性能图((a) [DETA]Ac；(b) [DEA]Ac)

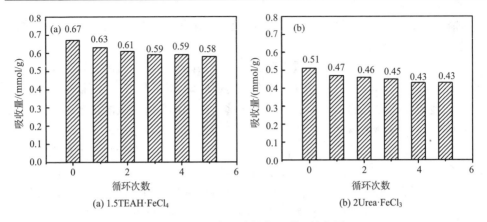

(a) 1.5TEAH·FeCl₄   (b) 2Urea·FeCl₃

图 4-10 铁基离子液体的再利用性能图

化剂，添加表面活性剂后，对低氧含量的尾气，吸收液具有较高的净化效率和较大的硫容量；当吸收液的硫容量达到饱和时，可通入空气进行再生循环使用。在高氧含量条件下，加了铁离子的几种溶液其硫容量都比碳酸钠溶液有较大提高，且不同浓度铁离子溶液对 H_2S 的硫容量是不同的，铁离子浓度越高，硫容量越大，对低浓度 H_2S 的净化可采用低浓度的铁离子，而高浓度 H_2S 的净化可采用高浓度的铁离子。氧含量对吸收液的硫容量有较大的影响，氧含量越高，吸收液的硫容量越大，因此，实际应用中当氧含量较低，影响到溶液的硫容量时，可通过增加氧含量来提高吸收液的硫容量；当吸收液中活性剂与铁离子质量之比为 10～15 时，吸收液中的铁离子较稳定，且吸收液的硫容量也较大；当吸收液硫容量达到饱和时，可通入空气进行再生循环使用，并回收硫。

离子液体不挥发，所以不会污染气相，自身也不会因挥发而损失；离子液体种类和数量繁多，因此存在无限种可能；离子液体的性质可设计，能够按照实际需要设计并开发对目标吸收气体具有高吸收容量和高选择性的功能化离子液体。河北科技大学钟永飞等[38]以己内酰胺四丁基卤化铵离子液体为喷剂，进行硫化氢吸收去除工艺实验研究。对反应时间、反应温度、解吸时间、解吸温度等分别进行了实验。离子液体在整个吸收 H_2S 的过程中，主要是物理过程，H_2S 通过扩散进入离子液体的内部，从而发生物理吸收，气体在液相中的扩散速率与液体的黏度有关，液体黏度越小，扩散速率越大，越容易被吸收。在季铵盐类离子液体吸收 H_2S 的过程中，随着时间的延长，其黏度逐渐减小，因此 H_2S 在其中的溶解度逐渐增大；离子液体吸收 H_2S 达到饱和，即溶解度达到最大值时，随着吸收时间的延长，部分 H_2S 气体从离子液体中逸出，因此出现了溶解度逐渐减小的趋势；解吸率随着时间的延长而逐渐增大，20min 时解吸率已经达到了 60%以上，此后，上升趋势逐渐变缓，80min 后基本趋于稳定(图 4-11)。

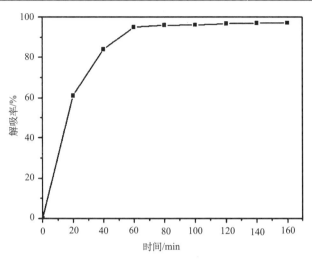

图 4-11 时间对解吸率的影响

出现这种现象的原因可能是 H_2S 的解吸过程实际上是吸热过程，提供的热量越多，解吸时间越长，分解也就会越彻底，表现为解吸率越高。即只要提供的热量足够多，解吸的时间足够长，解吸率也就可以达到90%以上，但解吸时间达到60min 后，解吸率的增加变缓慢。即达到一定的解吸程度后，H_2S 就很难被解吸出来，未解吸的部分可能因为生成稳定性的盐而无法解吸。综合考虑，确定最佳的解吸时间为 60min；解吸过程总体表现为反应温度越高，所能达到的解吸率就越高，达到解吸平衡的时间就越短。出现这种现象的原因可能是，通过物理吸收方式被离子液体吸收的 H_2S，用升温减压的方式很容易被解吸出来，因此，温度越高，解吸就越容易，也越就彻底，表现为解吸时间短、解吸率高；在 5 次循环解吸实验中，随着解吸次数的增加，解吸率有下降的趋势，但下降的程度不大。第 1 次解吸时，解吸率为99.6%，第 5 次解吸时，解吸率为 91.7%。

有机胺类硫化氢吸收剂绝大多数为脂肪族化合物，研究报道，在吸收剂中加入含有较大空间位阻基团的胺，能够显著提高吸收酸性气体的性能，而含有大位阻稠环的叔胺化合物报道较少。邓利民等[43]采用 β-萘酚、甲醛、二乙胺或二羟乙胺等为基本原料，通过 Mannich 反应合成出两种 Betti 碱化合物 1-[(二乙基氨基)甲基]萘-2-醇（DAL）和 1-{［双(2-羟乙基)氨基］甲基} 萘-2-醇（BHAL）。并通过自己设计的非标实验评价装置(图 4-12)考察了硫化氢吸收剂的种类、吸收剂的浓度、吸收温度以及吸收时间对硫化氢吸收效率的影响。研究结果表明，在 20℃，吸收时间为 1.2h，$n(H_2SO_4):n(FeS)=0.6:0.6$，$H_2S$ 的流量为 0.375 L/min，Betti碱 DAL 和 BHAL 作为硫化氢吸收剂，在吸收剂浓度为 1%质量分数时，对硫化氢的吸收效率都在 90%以上，且 BHAL 的吸收效率又比 DAL 的提高了 5%左右；而后通过实验方法对吸收过后的吸收剂提取 Betti 碱，产率稳定在 70%，实现了可循环利用。随着反应温度的增加，硫化氢吸收剂的吸收效率均明显降低，90℃时，一方面两种 Betti 碱与硫化氢反应是可逆反应，随着温度的增加，反应从右往左进行，使硫化氢解吸。另一方面也要考虑到温度的升高促进了吸收剂中水分的蒸发导致其浓度变大，浓度的增加有利于吸收效率的升高，从这个角度看温度的升高也会导致吸收效率的增加，但从实验结果来看明显是升温引起的抑制效应大于促进效应，导致温度升高吸收效率降低。根据实验结果，20~90℃范围内，升高温度对硫化氢吸收剂的吸收效率具有不利影响。

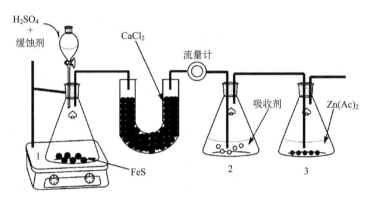

图 4-12　硫化氢吸收剂性能评价实验装置图

　　研究还发现[43]，吸收时间的增加使硫化氢吸收剂的效率变大，在刚开始的0.2h以内，硫化氢吸收剂的吸收效率基本大致相同，由于吸收时间较短，各种吸收剂和硫化氢的反应程度大体相同。在 0.2~0.6h 内吸收率增加的幅度大于 0.8~1.2h增加的幅度，且吸收剂浓度为 1.0%的增幅大于吸收剂浓度为 0.4%的增幅，这是吸收剂与硫化氢发生化学反应造成的。根据反应原理，时间的增加有利于反应的正方向进行，生成更多的季铵盐；按照反应机理，在开始的时间内硫化氢和吸收剂的浓度较大，反应的剧烈程度会大于后期的程度，使吸收效率大幅度增加。

　　受经济利益的推动及各国能源发展的要求，国内外的生产商越来越多地开采不同质量的油气资源。在开采的油气中，不乏含有各种浓度的有毒 H_2S 气体。硫化氢的存在不仅严重威胁生产人员的安全，而且会对生产设备产生严重的腐蚀，导致安全事故和生产成本的增加。因此，海上油气平台低浓度 H_2S 天然气的脱硫成为目前硫化氢研究领域的一个新问题。刘吉东等[44]研究了新型硫化氢喷剂恶唑烷的合成方法及吸收硫化氢效率的评价方法，发现该产品对硫化氢吸收效率高达95%，且吸收速度快、硫容量大，与乙二醛复配可以进一步提高吸收效率，降低处理成本。

硫化氢具有酸性气体特性,因此根据"酸碱中和"化学原理,利用无动力添加装置,把碱性吸收液添加到喷雾水中;通过喷洒系统中的中高压泵站系统及喷雾装置所形成的碱性水雾,有效覆盖硫化氢源及其扩散空间,达到吸收硫化氢目的。为了优化吸收法治理硫化氢性能,董琦[45]通过实验室模拟研究,系统性地分析吸收液浓度(A,%)、工作面风速(B,m/s)和喷雾流量(C,L/min)等客观因素对硫化氢吸收效率的影响规律,并讨论了影响硫化氢吸收效率的关键因素,实验结果如表 4-6 所示。

表 4-6　影响硫化氢吸收效果的正交试验结果

编号	因素			吸收前/ppm	吸收后/ppm	吸收效率/%
	A/%	B/(m/s)	C/(L/min)			
1	0.3	0.5	27	199	11	90.5
2	0.3	1	45	200	14	93.0
3	0.3	2	63	203	18	91.1
4	0.7	0.5	45	206	2	99.0
5	0.7	1	63	200	10	95.0
6	0.7	2	27	207	28	84.5
7	1	0.5	63	201	0	100
8	1	1	27	193	27	93.3
9	1	2	45	195	36	84.2

实验结果表明,喷洒吸收液对硫化氢吸收效率的影响因素大小顺序为:工作面风速＞吸收液浓度＞喷洒吸收液流量;风速越大,吸收液对硫化氢吸收效果越差;喷雾流量的增大以及吸收液浓度的增加对硫化氢的吸收效率的提高具有促进作用。随着实验系统中风速的增加,减少了硫化氢气体分子与喷雾中所含吸收剂分子的碰撞接触概率,从而导致硫化氢吸收效率的下降,在硫化氢绝对量不变的前提下,风速的增大,将加快硫化氢在实验系统中的扩散速度,降低与吸收成分碰撞接触的概率,继而产生硫化氢吸收效率随风速变大而下降的现象;硫化氢吸收液效率随喷洒吸收液流量增加而呈增加趋势,当喷洒吸收液流量增加到一定值后吸收效率增加不明显。这时适当增加吸收液浓度,有利于提高硫化氢吸收效率;硫化氢吸收效率随吸收液浓度的增加而增加,当吸收液浓度增加到一定程度时,再增加吸收液浓度对硫化氢吸收效率影响不大。

粗苯是煤在干馏过程中生产的副产品,其中含有苯、甲苯、混合二甲苯、有机硫、有机氮等重要的有机原料。工业分离前先要经过加氢,将其中的有机硫、有机氮加氢变成无机硫、无机氮。其中无机硫以硫化氢的形式存在,硫化氢有臭鸡蛋气味，对环境和人类健康具有重大危害，国内粗苯加氢行业要想长久发展，必然要将硫化氢处理好。周浩等[4]探讨了在粗苯行业采用氢氧化钠吸收硫化氢制备硫氢化钠的工艺，研究发现在文中的实验条件下，氢氧化钠完全转化为硫化钠需要 12h，硫化钠吸收饱和需要 14h，硫氢化钠浓度随硫化钠浓度的降低而增加（图 4-13）。

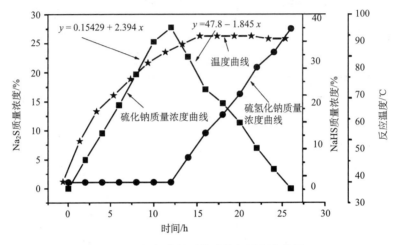

图 4-13　氢氧化钠吸收硫化氢过程曲线图

　　废气处理行业，低浓度废气处理一直是研究的热点及难点。韦旭甜等[2]以红土镍矿焙烧料酸浸后的含镍溶液为吸收液，采用化学沉淀法对浸出过程中释放的有毒尾气硫化氢进行吸收处理。考察了硫化氢尾气流量、入口 H_2S 浓度、吸收液初始 Ni^{2+} 浓度、pH、体积对脱硫效率的影响，确定了最佳工艺参数。研究发现，在影响硫酸镍溶液吸收硫化氢尾气的各因素中，以吸收液初始 pH 的作用最为显著，随着 pH 的升高，弱酸性气体硫化氢更易被硫酸镍溶液吸收，脱硫效率大大提高。但是 pH 不能一直上升，当溶液 pH＞7.5 后，吸收液中开始产生碱式硫酸镍沉淀，镍离子利用率下降，其次为吸收液体积和尾气流速，吸收液 Ni^{2+} 含量在一定范围内影响不大；当入口硫化氢浓度约为 $100mg/m^3$、吸收液初始$[Ni^{2+}]=2g/L$，pH =7.2，总体积 600mL，室温 25℃，尾气流速 0.6L/min，吸收时间 90min 时，脱硫效率可达 92.5%，出口硫化氢浓度为 $7.8mg/m^3$ 左右，吸收效果良好，符合最佳的吸收参数设定；硫酸镍溶液吸收硫化氢属于受气液传质控制的快反应，工业应用上应采用增大气液接触面积，延长气液接触时间，强化气液湍动程度等手段，提高脱硫效率；净化过程中可适当添加碱液，保持吸收液 pH 在一定范围，当吸收液浓度下降至某一数值后，再更换新液，从而达到充分利用硫化氢尾气富集镍的目的。为了处理难度更大的低硫化氢含量的废气，刘常青等[46]以氯化铁水溶液处理低硫化氢含量的废气，并用间接电解法回收其中的单质硫和氢气。三氯化铁水溶液处理硫化氢的体系包括三氯化铁水溶液氧化吸收硫化氢和吸收液电解再生制氢两个部分，作者在实验研究的基础上讨论了温度对氧化净化过程的影响，为回收单质硫的温度条件选择提供了理论和实验根据，温度过高、过低都不利于吸收反应，在一定范围内温度升高有利于提高硫化氢的吸收率；温度高于80℃时，硫的结晶细小，不利于过滤，经综合考虑，温度在60～70℃为宜。

综上所述，随着对环境质量的要求越来越严格，对硫化氢脱除方法要求越来越高，湿法以液体吸收剂来脱除硫化物，设备处理量大，投资及运行费用小，可连续操作，但效率低，难以达到高的要求。笔者认为，较有发展前途的脱硫工艺将是铁基工艺，该工艺脱硫效率高，硫容量大，虽然目前这类方法在溶液稳定性、副反应控制以及再生方面尚存在问题，但是可采用向溶液中加入各种添加剂的办法加以弥补，这一方法有可能成为喷剂湿法脱硫工艺中一个较值得发展的方向。

4.2.4 空气净化喷剂在氨气去除上的应用

氨气是一种无色有刺激性臭味的碱性气体，其化学性质活泼，不仅会对空气造成污染，破坏生态结构和生物多样性，还严重损坏人类的皮肤组织和呼吸系统。氨气极易被氧化形成 NO^{3-} 或 NO_x，因此氨气可以引起酸性降雨，由氨气引起的酸雨降水较严重，据统计 1989 年荷兰 45%的酸性降雨是由氨气引起的。此外，当氨气随降雨沉积于水体或土壤，会使水体或土壤的性质发生变化，使生态结构以及生物多样性遭到破坏。氨气也是 $PM_{2.5}$ 的一个重要贡献源，氨气与 NO_x、SO_2 经化学反应或物理过程形成粒径较小的二次颗粒物，是硫酸盐、硝酸盐、铵盐和光化学烟雾等的前驱体。氨气的高水溶性和弱碱性，使得氨气不仅对环境有害，还严重危害着人类健康(表 4-7)，因此氨气的处理问题已成为世界各国共同面临的问题之一[47]。

表 4-7　氨气对人的危害

浓度/(mg/m³)	接触时间/min	危害程度	危害等级
0.7	—	感觉到气味	对人体无危害
9.8	—	无刺激作用	
67.2	45	鼻、咽部位有刺激感，眼有灼痛感	轻微危害
70	30	呼吸变慢	
140	30	鼻和上呼吸道不适、恶心、头痛	
140～210	20	身体有明显不适，但尚能工作	中等危害

浓度/(mg/m³)	接触时间/min	危害程度	危害等级
175～350	20	鼻眼刺激，呼吸和脉搏加速	中等危害
553	30	强刺激感，可耐受1.25min	
700	30	立即咳嗽	重度危害
1750～3500	30	危及生命	
3500～7000	30	即可死亡	

喷剂去除氨气的工艺主要包括物理法和化学法两类[48]，化学法主要是利用氨气的碱性和酸性物质发生化学反应进而生成氮肥。但所用溶剂大都挥发性大、腐蚀性强，且难再生，逐渐被人们淘汰。物理法主要是用软水吸收氨气，得到低浓度的氨水，然后通过浓缩得到浓氨水，再得到浓氨气，最后加压冷凝制成液氨进一步加以利用。物理法方法是目前回收氨气用的最多的技术，但是它也有很多缺点：水消耗量较大、能量消耗高、氨回收率较低、水洗后的尾气还要进行二次处理，燃烧造成二次污染。

4.2.5　空气净化喷剂在CO₂去除上的应用

温室气体的大量排放所造成的气候变化和环境问题已经引起全球范围内的普遍关注，其中二氧化碳(CO_2)是温室气体的重要成分之一，对温室效应的贡献最高。当前，我国CO_2排放主要来自于能源行业，而火电行业是最大的CO_2排放源。根据2017年中国电力行业年度发展报告，2016年我国发电装机容量突破16亿kW，其中火电装机容量为94624万kW，占我国发电装机容量的59%左右。同时，《电力发展"十三五"规划(2016–2020年)》指出，2016年我国煤炭消耗量达到34.6亿t，其中，火电行业耗煤量约为18亿t。燃煤电厂煤炭的燃烧排放大量的CO_2将对我国国民经济可持续发展和环境生态造成重要影响。全球温室效应所带来的环境问题首要表现在全球性的气候变暖，与1000年前相比，地球的平均温度上升了0.3～0.6℃。据联合国相关机构预测，2050年地球平均温度将上升1.5～4.5℃。全球气候变暖将导致南北两极冰川及冻土带的大幅融化和海水体积膨胀，造成海平面上升。据美国国家海洋和大气管理局(NOAA)发布的报告，到2100年，全球平均海平面在最极端情况下上升2.5m，将导致沿海国家和地区被海水淹没。温室效应加剧还会造成极端天气频发，我国气候条件复杂，生态环境脆弱。最近几十年，我国极端天气气候事件尤其是区域性和群发性事件发生频次显著增加。其中河北省近年来气候变化较为显著，全省平均气温明显升高，降雨量的减少导致全省干旱面积增加，酷热、雾霾、强降水、冰冻等极端天气增多，对经济社会发展和人民生活造成诸多不利影响。此外，温室效应还将影响全球生态平衡，对全球生物多样性和全球农业生产造成极大影响。因此，无论是从应对国际气候变化角度，还是从我国自身可持续发展战略角度出发，CO_2减排都是我国经济社会发展中不可忽视的重要组成部分[49]。

喷剂吸收 CO_2 法通过吸收剂与 CO_2 相互作用，有效捕集烟道气中的低分压（10%～15%）CO_2，加热再生后，可得到近乎纯净的 CO_2 产品。基于醇胺溶液的化学吸收法因其工艺简单、技术成熟和吸收能力强等优点成为 CO_2 喷剂吸收的首选方法[50]。目前，化学法常用的喷剂种类有醇胺类喷剂以及热碳酸钾水溶液等，其中醇胺类喷剂中的 MEA（乙醇胺）是目前使用范围最广的喷剂种类。传统的使用醇胺类喷剂的化学法虽然历史悠久，技术成熟，运行稳定，而且气体回收率和纯度在 99% 以上，但是也存在着许多问题与不足：首先是成本高，且能耗巨大。目前分离回收 CO_2 的能耗一般在 4.2MJ/kg，如在电厂大规模推广应用，那么电厂的发电效率将下降 10% 以上，平均发电成本提高 50%，吸收塔内气液直接接触，不可避免会产生起泡、溢流、夹带等现象，同时使烟气后净化系统复杂，喷剂的腐蚀、降解、易与 SO_2 和 NO_x 生成热稳定性盐类等都是困扰传统化学法进一步推广应用的原因。

醇胺法吸收 CO_2 采用的单胺喷剂主要以伯胺、仲胺和叔胺为主，其中具有代表性的三种胺为：一乙醇胺（monoethanolamine，MEA，伯胺）、二乙醇胺（diethanolamine，DEA，仲胺）和甲基二乙醇胺（methyldiethanolamine，MDEA，叔胺）。醇胺法也存在一些不足，其中最主要的问题是 CO_2 解吸能耗过高，解吸 CO_2 的能耗占捕集 CO_2 过程的 70%～80%。控制该方法捕集 CO_2 的成本首先要从降低 CO_2 解吸能耗入手。如何优化实际捕集 CO_2 系统中吸收-解吸工程的一些参数，从而加快吸收-解吸速率，是降低解吸能耗的关键所在。屈紫懿等[51]研究人员从一乙醇胺（MEA）溶液吸收和解吸 CO_2 的实验入手，分析了几种参数对 MEA 溶液吸收-解吸 CO_2 过程中吸收速率、解吸速率的影响并分析了过程中的机理。研究结果表明，在一定范围内，升高吸收-解吸 CO_2 过程的温度可以使吸收和解吸反应速率加快，但超过一定程度则会产生负面影响，在其他参数一定时，存在最佳的吸收和解吸温度：0.1mol/L MEA 最佳吸收温度为 65℃，最佳解吸温度为 135～145℃，增加喷剂浓度可以使吸收速率加快，但喷剂浓度增加至一定值时会因溶液黏度增加而导致传质阻力加大，使吸收速率减慢，对于解吸过程亦如此。在其他参数一定时，存在最佳的醇胺液浓度（0.8mol/L）；采用搅拌的方式可以使吸收 CO_2 的速率加快，搅拌速率达到 600r/min 时，其对 CO_2 吸收速率的影响逐渐减弱。

复合胺法是在伯胺或仲胺里面加入一定量叔胺，以提高酸气负荷，使 CO_2 吸收总量明显增加，减小腐蚀，降低吸收液的再生难度，同时又保持伯胺（仲胺）吸

收 CO_2 速率高的特点。李清方等[52]采用搅拌实验装置，对乙醇胺(MEA)-N-甲基二乙醇胺(MDEA)不同配比的复合胺溶液吸收和解吸模拟烟道气中二氧化碳特性进行研究，揭示了吸收速率、吸收容量和酸碱度与时间之间的内在联系，并与目前工业应用较广的 MEA、二乙醇胺(DEA)溶液进行了对比分析，同时对 CO_2 初始逸出温度、试液再生温度、试液再生率、再生 pH 下降率进行了细致研究。结果表明，0.5mol/L MEA–0.5mol/L MDEA 是 MEA–MDEA 复合胺体系中最佳组成配比，该比例下的复合吸收材料吸收速率快，吸收容量最大，再生溶液再生温度为最低 102℃；再生体系 pH 下降率最小为 3.67%；再生率最高为 94.33%。复配溶液再生温度远低于同浓度的 MEA 和 DEA 溶液，一次再生率均高于同浓度的 MEA 和 DEA 溶液。费祥等[53]通过测定系列浓度的 MEA–TETA 复配醇胺水溶液对 CO_2 的溶解度，以及水溶液和吸收液的表面张力，阐明了复配溶液中 MEA 和三乙烯四胺(TETA)的组成对 CO_2 溶解度及水溶液和吸收液表面性质的影响。实验结果表明，在以 TETA 为主体的醇胺水溶液中加入适量 MEA，CO_2 的溶解度变化不大，CO_2 吸收速率稍有提高。随着 MEA 质量分数的上升，不管是水溶液还是吸收液，其表面张力均呈现先下降再上升的关系。表面张力是控制气液传质的重要参数，当表面张力适当降低时，传质表面积变大，有利于复配醇胺水溶液充分吸收 CO_2。复配醇胺水溶液对 CO_2 具有较强的吸收能力，同时具有较少的表面张力及表面焓，适于工业应用。

针对传统喷剂的种种问题与不足，有人开始提出以氨水(NH_3 溶液)代替 MEA 作为化学法喷剂的方法。研究表明[54]，氨水溶液具备良好的 CO_2 反应速率和较低的再生能耗，氨水的吸收能力约是 MEA 溶液的 3 倍，且不存在设备腐蚀、氧化降解等问题，其主要发生化学反应如下[55]：

$$NH_3 + H_2O + CO_2 \rightleftharpoons NH_4HCO_3$$

同时，H_2O 与 NH_3 反应生成 NH_4OH，与 NH_4HCO_3 进一步反应生成 $(NH_4)_2CO_3$：

$$NH_4HCO_3 + NH_4OH \rightleftharpoons (NH_4)_2CO_3 + H_2O$$

而 $(NH_4)_2CO_3$ 则能进继续吸收 CO_2 生成 NH_4HCO_3：

$$(NH_4)_2CO_3 + H_2O + CO_2 \rightleftharpoons 2\,NH_4HCO_3$$

在 NH_3-H_2O-CO_2 体系中随着净化过程的进行，其水解而生成的 NH_4HCO_3 浓度也会不断变大。在特定的温度下，当 NH_4HCO_3 在氨水溶液中达到饱和后，就会析出 NH_4HCO_3 晶体。在氨法脱碳方面由于氨水具有较大的吸收负荷以及吸收速率，也被学者广泛研究。

河北科技大学张佩文[56]测定了不同负载量离子液体(乙酰胺–硫氰酸钠、乙酰胺–硫氰酸钾、乙酰胺–硫氰酸铵)的硅胶(SiO_2)在不同温度下对 CO_2 气体的吸收量,并根据负载比例、温度与吸收量的关系拟合出了相关方程。研究发现,在30℃和1atm情况下,同样负载量下,CO_2吸收量随离子液体种类变化递减关系为:乙酰胺-硫氰酸钠负载材料>乙酰胺-硫氰酸钾负载材料>乙酰胺-硫氰酸铵负载材料(表4-8)。以乙酰胺-硫氰酸钠负载材料为例,随着负载比的增大,离子液体负载材料的吸收量先增大然后降低。在80%负载比例下达到最大吸收值。离子液体负载材料各组分所占比例相互作用表现出协同作用,离子液体负载比例与CO_2吸收量的关系符合四次多项式方程。

表4-8 离子液体负载材料的CO_2吸收量

负载比例	乙酰胺-硫氰酸钠/(g/g)	乙酰胺-硫氰酸钾/(g/g)	乙酰胺-硫氰酸铵/(g/g)
0	0	0	0
20	0.01	0.005	0.003
40	0.024	0.018	0.014
60	0.057	0.046	0.040
80	0.144	0.130	0.112
100	0.081	0.065	0.053

华北电力大学王乐萌[49]以DEAE和DMA2P为吸收主体,以MEA和PZ为促进剂,构建了新型复配醇胺吸收体系,并围绕DEAE-MEA、DEAE-PZ、DMA2P-MEA和DMA2P-PZ 4种新型吸收剂对CO_2的吸收能力、表观吸收速率、体系基础热力学性质、吸收剂浓度和体系黏度的竞争关系等内容开展了实验测定和理论计算研究,确定了喷剂液体对CO_2的吸收特性及吸收机制。利用板式塔验证了新型吸收剂对模拟烟气中二氧化碳的脱除效果,并与MEA等已示范应用的吸收剂进行了对比。结果发现:

(1)与EA-MEA、MDEA-$[N_{1111}]$[Gly]和DEAE-$[N_{1111}]$[Gly]等高效吸收剂以及已商业示范应用的MEA吸收剂对CO_2吸收性能的对比结果表明,新型醇胺吸收剂具有平衡吸收量大、吸收时间适中等优点。加入少量MEA/PZ可显著促进吸收效果,且PZ的促进效果更为显著。

(2)微量SO_2对复配醇胺水溶液的CO_2饱和吸收能力、表观吸收速率以及体系黏度的影响较小。二氧化碳分压对新型吸收剂的CO_2吸收能力影响显著,提高CO_2分压可以有效促进吸收,达到缩短平衡吸收的时间和提高CO_2平衡吸收量的效果。

(3)速率随吸收剂浓度、二氧化碳分压和温度的升高而升高,但吸收剂浓度升高,体系黏度随之升高并可能阻碍吸收顺利进行。吸收剂浓度、CO_2分压和体系黏度对CO_2吸收速率存在竞争影响效果,表观吸收速率法适宜描述操作条件对

CO_2 吸收速率的影响规律。新型吸收剂对 CO_2 的表观吸收速率略低于 MEA 水溶液，但高于 MDEA-MEA、MDEA-$[N_{1111}][Gly]$ 和 DEAE-$[N_{1111}][Gly]$ 等高效吸收剂。

(4)板式塔中，喷剂对模拟烟气中的 CO_2 具有较高的脱除效率，CO_2 脱除效率 η_{CO_2} 随促进剂浓度和塔板数的增加而增加，随进气流量和吸收主体浓度的增加而降低。总体传质系数 K_{Gav} 随促进剂浓度和进气流量增加而增加，随吸收主体浓度和塔板数的增加而降低。随着进液流量的升高，η_{CO_2} 和 K_{Gav} 均呈现先升高再降低的趋势。与 MEA 工艺相比，新型醇胺水溶液对二氧化碳的脱除效果良好。

(5)体系黏度随着溶液浓度和 CO_2 载荷的升高而升高，随温度的升高而下降。Weiland 方程适宜描述吸收主体质量分率及种类、促进剂质量分率及种类、温度和载荷等因素对新型复配醇胺体系黏度的影响规律。体系表面张力随着促进剂及吸收主体质量分率和温度的升高而下降。

目前醇胺法碳捕集的研究主要集中在分离 CO_2/N_2 中的 CO_2，而实际处理二氧化碳废气过程中，共存气体会降低吸收剂在长期运行后的稳定性。因此，研究烟气实际组成条件下吸收剂对 CO_2 的吸收性能尤为必要。同时在实际运行过程中，存在吸收剂对设备的腐蚀问题，尤其是富液再生过程，对碳钢腐蚀严重。研究新型醇胺吸收剂脱碳后对碳钢的腐蚀机理和腐蚀速率及其影响规律，对降低设备腐蚀具有重要的指导价值。

4.2.6　空气净化喷剂在 NO_x 和 SO_2 去除上的应用

氮氧化合物(NO_x)作为大气主要污染物之一，也是造成酸雨、粉尘、温室效应以及臭氧层空洞的物质之一，足以见减少其排放量的重要性。氮氧化物(NO_x)种类很多，但主要指 NO 和 NO_2。环境中的 NO_x 污染物来源于自然源和人为源两个方面，其中自然源的 NO_x 排量比较稳定，主要是由微生物活动、火山喷发、林火、闪电、生物体氧化分解产生的。人为源的 NO_x 是由人类的生活和生产活动产生和排放进入大气的，自然产生的 NO_x 和人为产生的 NO_x 最终都进入氮循环系统。

NO_x 具有很强的毒性，对人体健康、环境、生态的危害很大，进而对社会经济产生负面影响，主要体现为以下方面[57]：

(1) NO_x 对人体有毒害作用，其中 NO_2 的危害性最大，它能够影响人的呼吸系统，从而引起支气管炎和肺气肿等疾病，NO 能使人中枢神经麻痹和窒息死亡。

(2)高空中的 NO_x 会严重破坏臭氧层，使臭氧层变薄甚至形成空洞，对地球生物造成严重损害。而且臭氧层的破坏还改变地球对太阳辐射的热平衡，将会导致全球气候变化。

(3) NO_x 在大气中能够介入一系列的光化作用，形成危害极大的光化学烟雾。其特征主要是产生较高浓度的 O_3 和 $PM_{2.5}$，这些烟气产物刺激眼睛、喉咙，引发哮喘，在降低能见度的同时破坏植物的生长和材料的质量。

(4) NO_x 可与氧气和水等进行反应生成硝酸或硝酸盐，从而形成酸雨等次生灾害。酸雨会严重损害人体健康、生态环境以及建筑物等，较多的 NO_x 排放还会造成 PM_{10} 以及 $PM_{2.5}$ 的爆发，这些细颗粒物可长时间、长距离漂浮，被吸入人体造成人体肺部以及呼吸道的损伤。因此烟气中的 NO_x 控制和治理势在必行，采取有效措施减少 NO_x 的排放或对 NO_x 进行吸收显得尤为重要。

二氧化硫又名亚硫酸酐，分子量为 64.1g/mol，为无色、具有辛辣及窒息性气味的有毒气体，沸点 -10℃，熔点 -74.1℃，属于中等毒性物质。SO_2 易溶于水形成亚硫酸(H_2SO_3)，也易溶于乙醇、乙醚和醋酸。H_2SO_3 具有中等程度的腐蚀性，可以缓慢地与空气中的氧结合，形成腐蚀性和刺激性更强的硫酸(H_2SO_4)。SO_2在空气中可在亚铁和锰等金属离子的催化下进一步氧化形成三氧化硫(SO_3)。SO_2性质活泼，可溶于空气中的水分子形成硫酸，并以气溶胶状态在空气中存在。SO_2也有氧化性，能将 H_2S 氧化成单质硫。SO_3 的毒性是 SO_2 的十倍左右，它的特点是在大气中存在寿命较短，仅有 $8\sim10s$，遇尘粒便会生成硫酸盐。在工业烟气排放中 SO_2 占绝大多数，SO_3 仅占 1%～2%。SO_2 的污染具有的浓度低、范围广、时间长的特点，其危害是慢性叠加累积达到的。大气中的 SO_2 对人类健康、自然生产、工农业生产、建筑物等多方面都会造成破坏。

石灰石-石膏湿法烟气脱硫的主要工艺流程包括：烟气过滤、电除尘器除尘、增压风机增压、降温、进入吸收塔。在吸收塔内，烟气的流向自下而上，循环浆液的流向自上而下，并且循环液通过喷嘴进行雾化，它们以逆流流向充分接触，能提高吸收率。石灰石-石膏湿法烟气脱硫工艺中会产生较多的碳酸钙、硫酸钙和亚硫酸钙等固体废物，它们容易造成设备的堵塞，并且，由于石灰石和氢氧化钙在水中的溶解度较小，容易造成氢氧化钙与二氧化碳的反应优先进行，然后才与烟气中的二氧化硫反应，导致脱硫效果变差，此法的脱硫效率为 50%～80%。另外，石灰石-石膏湿法主要适用于含硫量较高的烟气(如炼铜、炼钢等冶炼尾气)脱硫。

喷剂液体吸收法最早是由美国能源部开发的，其原理是 NO_x 被喷剂选择性吸收，使烟气得到净化，其中 NO_x 可以从吸收液中解吸出来，成为高浓度气体，然后进一步加工成相应的产品。

Majumdar 等[58]分别以 $NaHSO_4$、$NaHSO_3$、Fe^{3+}-EDTA、Fe^{2+}-EDTA 等水溶液以及纯水、环丁砜和环丁烯砜为喷剂，上述液体对烟气中 NO_x 表现出良好的脱除性能，其中 Fe^{3+}-EDTA，Fe^{2+}-EDTA 液膜在 24～70℃ 的温度下对 NO_x 的脱除效率可达 50%～75%。

燃煤烟气中 NO_x 的主要成分为 NO，而 NO 难以被吸收，湿法烟气脱硝的研究主要从氧化吸收和络合吸收等方面入手。辛志玲等[59]采用三乙烯四胺合钴溶液作为吸收液，在填料塔内，对模拟烟气进行了湿法脱硝的实验研究，主要考察不同吸收液的 NO 脱除能力，以及温度和氧体积分数对 NO 脱除效率的影响。研究结果表明，无氧条件下三乙烯四胺合钴溶液脱除 NO 的能力比 Fe^{2+}-乙二胺四乙酸 (EDTA)溶液脱除 NO 的能力强(图 4-14)，反应前 35min，2 种吸收液的脱除效果相同，NO 的脱除率从 100%降为 88.7%，但随着反应的进行，Fe^{2+}-EDTA 溶液的脱除能力迅速下降，而三乙烯四胺合钴溶液的脱除能力下降缓慢。反应 60min 时，Fe^{2+}-EDTA 溶液的脱除率降为 67.4%，而三乙烯四胺合钴溶液的脱除率仍然维持在 83.7%，比 Fe^{2+}-EDTA 溶液的脱除率高 15%。气相中的氧体积分数对 NO 的脱除影响显著，气相中氧的体积分数越高，NO 的脱除率越高，当烟气中氧体积分数由 2.86%提高为 10.5%，反应 60min 时，NO 的脱除率由 70.5%提高为 85.4%，提高了 14.9%。温度对 NO 的脱除有较大影响(图 4-15)，当反应温度由 20℃升至 50℃时，NO 的脱除率随温度的升高而增大，反应 60min 时，NO 的脱除率由 51.3%升为 75.3%，增大了 24%，温度继续升高时，NO 的脱除率反而下降，当温度升为 80℃时，NO 的脱除率降为 53.9%。原因在于：

(1)从动力学考虑，升高温度有利于提高化学反应的速度，NO 的络合和氧化速率加快；

(2)温度升高，吸收反应向逆反应方向移动，不利于 NO 的络合；

(3)升高温度，NO 和氧的溶解度降低，当温度低于 50℃时，升温带来的正面影响占据主导作用，因此升高温度有利于 NO 的脱除，当温度超过 50℃时，升温带来的负面影响占据主导作用，此时升高温度不利于 NO 的脱除。

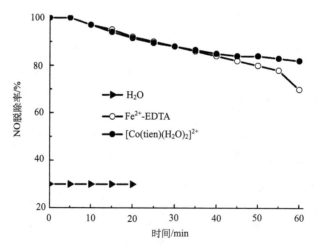

图 4-14　不同吸收液脱除 NO 的结果比较

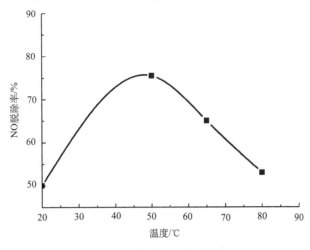

图 4-15　温度对 NO 脱除的影响

陈曦等研究人员[60]为寻求高效控制氮氧化物的方法，在实验室用模拟氮氧化物废气对其进行加压吸收，在低压时(0~0.4MPa)，水对 NO_x 吸收效率随着氮氧化物进口浓度的增大而减小，而在高压时(0.4~0.8MPa)，吸收效率随着氮氧化物进口浓度的增大而增大，相同 NO_x 进口浓度下的吸收效率随系统压力的增大而增大，0.8MPa 下的吸收效率是低压吸收效率的 6 倍多，但高于 0.6MPa 后吸收效率增大趋势变小，加压吸收是一种控制氮氧化物浓度的很好的方法，0.4~0.6MPa 吸收氮氧化物比较适宜。韩旭等[61]对水在中试规模下吸收低浓度的氮氧化物废气的性能进行了研究，考察了喷淋密度、温度、压力、气速以及氮氧化物浓度对吸收效果的影响。结果表明，喷淋密度在 $20m^3/(m^2·h)$，水温在 15℃以下，气速 <0.28m/s，废气浓度在 $400mg/m^3$ 左右时，氮氧化物的平均脱除率可以达到 50% 左右。同时吸收效率随着压力的增大而增加，实际操作中压力增大会导致电能消耗太高，导致治理成本增加，但加压吸收是控制氮氧化物的一种很好的方法，回收硝酸的价值可以弥补气体压缩的运行成本。

在烟气同时脱硫脱氮过程中 NO 脱除是关键问题，乙二胺合钴具有高效脱 NO 能力，但 $Co_2(SO_3)_3$ 沉淀的生成导致脱氮率迅速降低。周春琼等[62]在乙二胺合钴中加入尿素，使吸收后 SO_2 高效氧化生成易溶于水的 $Co_2(SO_4)_3$，避免降低脱 NO 活性组分乙二胺合钴的浓度，而保证高效同时脱硫脱氮。研究显示尿素质量分数的大小对 SO_2 氧化率影响很大，吸收液 pH 增大，反应温度的升高及氧气体积分数的增大，都可提高 SO_2 氧化率，在乙二胺合钴溶液中加入尿素，在保证 SO_2 氧化率几乎达到 100% 的同时，也保证较长时间内 NO 脱除率在 95% 以上。

碱式硫酸铝湿法脱硫分为碱式硫酸铝-石膏法脱硫和碱式硫酸铝-解吸法脱硫两种，碱式硫酸铝-石膏法是指用一定碱度的碱式硫酸铝溶液吸收二氧化硫，然后氧气将吸收液氧化，最后用石灰石再生碱式硫酸铝溶液并投入循环使用，此方法会生成副产物石膏。碱式硫酸铝–石膏法的工艺流程包括吸收、氧化和再生三步，化学方程式如下：

$$Al_2(SO_4)_3 \cdot Al_2O_3 + 3SO_2 \xlongequal{\quad\quad} Al_2(SO_4)_3 \cdot Al_2(SO_3)_3$$

$$2Al_2(SO_4)_3 \cdot Al_2(SO_3)_3 + 3O_2 \xlongequal{\quad\quad} 4\,Al_2(SO_4)_3$$

$$2\,Al_2(SO_4)_3 + 3CaCO_3 + 2H_2O \xlongequal{\quad\quad} Al_2(SO_4)_3 \cdot Al_2(SO_3)_3 + 3CaSO_4 \cdot 2H_2O\downarrow + 3CO_2\uparrow$$

碱式硫酸铝-解吸法是指在用碱式硫酸铝吸收 SO_2 后，再将吸收液加热到 $60\sim 80^{\circ}C$ 进行解吸，解吸后的碱式硫酸铝溶液可循环使用，并且可回收高浓度的 SO_2。碱式硫酸铝-解吸法包括吸收、解吸两步，化学方程式如下：

$$Al_2(SO_4)_3 \cdot Al_2O_3 + 3SO_2 \xlongequal{\quad\quad} Al_2(SO_4)_3 \cdot Al_2(SO_3)_3$$

$$Al_2(SO_4)_3 \cdot Al_2(SO_3)_3 \xrightarrow{\quad\quad} Al_2(SO_4)_3 \cdot Al_2O_3 + 3SO_2\uparrow$$

碱式硫酸铝溶液的碱度、铝含量、pH 都是影响溶液脱硫效率的重要参数，其中碱度是最关键的影响因素，三者之间有密切的联系。碱式硫酸铝溶液的 pH 随碱度的增大而增大，铝含量随碱度的增大而减小。碱度在 10%~20% 范围内，铝含量下降不明显；碱度在 25%~40% 范围内，铝含量下降速度稍快；碱度>40%时，铝含量急剧下降，造成这种现象是由于碱度增大会使溶液中的 pH 增大，当 pH 增大到一定值时，Al^{3+} 出现絮凝现象，从而导致铝含量急剧下降，适宜的碱度值应该控制在 10%~20%，碱度过大，溶液中出现絮凝现象；碱度过小，溶液中 Al_2O_3 减少，影响脱硫效果[63]。

研究碱式硫酸铝 SO_2 吸收和解吸机理以及吸收液在不同温度条件下的脱硫效果，对完善该脱硫方法的基础理论具有重要意义。张树峰等[64]通过对碱度30%、铝量分别为 10g/L、20g/L、30g/L、40g/L、50g/L 以及铝量为 30g/L、碱度分别为 10%、20%、30%、40% 和 50% 的碱性硫酸铝溶液吸收与解吸 SO_2 进行了深入研究（图 4-16）。结果发现，碱性硫酸铝溶液吸收 SO_2 的量在一定范围内时，不同碱度和铝量的溶液吸收等量的 SO_2 气体后，其 SO_4^{2-} 增量基本相等，即碱度和铝量对溶液中 SO_4^{2-} 的生成没有明显影响。由于溶液中 SO_3^{2-} 氧化现象的存在，使得任何碱度和铝量的溶液随着 SO_2 吸收量的不断增加，溶液中 SO_4^{2-} 的增量均呈现出微量增长的趋势；SO_2 吸收量在一定范围内时，无论碱性硫酸铝溶液的碱度和铝量如何变化，SO_2 气体进入溶液后主要是以 SO_3^{2-} 和 HSO_3^- 的形式存在，并且 SO_3^{2-} 和 HSO_3^- 的总量随着吸收 SO_2 量的增加而增多。吸收相同数量的 SO_2 气体后转化为 SO_3^{2-} 和 HSO_3^- 的总量基本相等，在吸收未达到饱和之前，任何碱度和铝量的碱性硫酸铝溶液的 pH 均随着 SO_2 吸收量的增加而不断降低。在吸收相同数量的 SO_2 气体后，高碱度、高铝量溶液的 pH 明显要比低碱度、低铝量溶液的 pH 下降缓慢。然而随着 SO_2 吸收量的逐渐增加，当碱性硫酸铝溶液的碱度为零时，继续吸收 SO_2

后溶液的 pH 则急剧下降，即碱度具有缓解溶液 pH 下降的能力。在吸收液碱度大于零时，由于 SO_2 进入溶液中会消耗其中的活性成分 Al_2O_3，所以碱性硫酸铝溶液中的碱度是随着 SO_2 吸收量的增加而不断下降，直至降为零。由于解吸反应是一个吸热过程，提高解吸温度能够促进 SO_2 气体解吸，并且吸收富液在沸腾状态下(98℃)，由于汽提现象的存在使得吸收富液在该温度下的解吸率能够达到最大值为 67.53%。但是解吸温度提高的同时还能够促进溶液中 SO_3^{2-} 氧化成不能解吸的 SO_4^{2-}。在保持解吸温度不变的情况下，解吸率随着解吸时间的延长而逐渐增大。解吸时间在前 60min 时，随着解吸时间的延长，SO_2 解吸率快速增长，继续延长解吸时间，解吸率增加趋势逐渐放缓，此外解吸时间的延长也会造成溶液中 SO_4^{2-} 浓度升高。对碱性硫酸铝吸收富液加装机械搅拌装置能够起到强化传质和促进 SO_2 气体扩散的作用，从而加快已形成的 SO_2 气泡逸出速度，并且施加搅拌还可以促使解吸富液受热更加均匀。

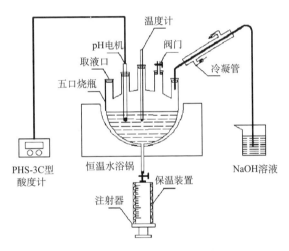

图 4-16　SO_2 吸收及解吸实验装置

当采用 NaOH 为吸收液时，实验研究表明，NaOH 浓度超过 10%(质量百分数)时，对 NO_x 的吸收效率可以达到 80%以上[65]，而在实际研究中，为防止高浓度的 NaOH 溶液出现结晶，同时为了减少由于溶液黏度增大带来的传质阻力增大，将 NaOH 溶度常保持在 4%~6%，而相对于其他碱性物质，由于其溶解度的限制，要求溶液浓度相对更低一些，通常在 2%。

耿皎等研究人员[66]基于 NO_x 气体的资源化处理考虑，研究了水和不同浓度的稀硝酸对 NO_2 的吸收性能，考察了吸收剂用量、稀硝酸的浓度(3%~30%)以及气相压力对 NO_2 吸收效果的影响。结果表明，增加吸收剂用量、硝酸浓度和气相压力均能提高 NO_2 的吸收效率，其中稀硝酸用量对吸收效率的影响特别显著。水吸

收 NO_2 是化学吸收与物理吸收并存的复杂过程，气液两相中存在溶质（NO_2、N_2O_4 等）和生成物（HNO_2、HNO_3 等）的物理扩散和化学反应。分析了各种吸收条件下吸收液中亚硝酸和硝酸的浓度组成关系，讨论了吸收前后气相中 NO_2、N_2O_4 的组成变化，证明了 NO_2 在水中的吸收是以 N_2O_4 与水的化学反应为主。由于 NO_2 在水中的吸收属于放热过程，体系温度升高使压力增大；另一方面，较低的压力下，部分 N_2O_4 转化为 NO_2，同时液相中亚硝酸分解释放的 NO 进入气相，此两者都是压力升高的原因。采用纯水作为吸收剂时，NO_2 的吸收效率随着吸收剂量的增加略有提高；采用 15%硝酸做吸收剂时，NO_2 的吸收效率随着吸收剂量的增加而显著提高，分析认为 NO_2 易溶于硝酸，硝酸量的增加促进了 NO_2 的吸收，增大了吸收效率，稀硝酸对 NO_2 的吸收效果要比水好。

氨法脱硫的基础上发展起来的脱硫脱硝技术能够同时高效吸收烟气中的 SO_2 和 NO_x，最终得到硫酸铵和硝酸铵化肥副产物。南京理工大学贾勇等[67]提出了选择性催化氧化和氨法脱硫相结合的同时脱硫脱硝技术，以氨法脱硫吸收塔为原型建立模拟吸收实验装置，用氨水作为喷剂对 SO_2 和 NO_x 的净化过程进行了实验研究，考察了温度、NO_2 和 NO 的浓度比、SO_3^{2-} 浓度等因素对 SO_2 和 NO_x 脱除效率的影响，研究发现：

（1）当 NO_x 浓度为 400μL/L、SO_2 浓度为 2000μL/L、pH 为 5、NO_2 和 NO 的浓度比为 1、温度为 50℃时，NO_x 的脱除效率可达 72%。NO_x 中包含 NO_2 和 NO，NO_2 能与烟气中 SO_2 溶解进入液相生成的 SO_3^{2-} 和 HSO_3^- 反应，因而 NO_2 和 NO 的浓度比越大，NO_x 的脱除效率越高；

（2）NO_2 对 SO_2 的吸收具有较大的促进作用。NO_2 与溶液中的 SO_3^{2-} 和 HSO_3^- 反应生成 NO^- 和 SO_4^{2-}，促使 SO_2 吸收反应向右移动。在最佳工艺条件下，SO_2 的脱除效率可达 99%，较没有 NO_x 时的脱硫效率高出约 5%；

（3）SO_2 和 NO_x 的脱除效率受温度和 SO_3^{2-} 浓度的影响较大，温度越高，SO_2 和 NO_x 在溶液中的溶解度越低，且 HNO_2、SO_3^{2-} 和 HSO_3^- 的分解加剧，因而脱硫脱硝效率随着温度的升高而下降。SO_3^{2-} 具有较强的还原性，能促进 NO_2 的吸收，抑制 NO 的脱除。因此，要综合考虑 SO_3^{2-} 浓度对脱硫脱硝率的影响，控制 SO_3^{2-} 在适宜的浓度范围。

NO_2 能以 N_2O_4、N_2O_3、NO_2 等形式多途径被吸收，而 NO 必须转化为 NO_2 或与 NO_2 配合成 N_2O_3 后再被吸收，受 NO 与 NO_2 生成 N_2O_3 反应平衡的限制，理论上生成的 N_2O_3 量远小于 NO 与 NO_2 被碱液吸收的量。若仅以 N_2O_3 形式吸收 NO，则碱液对 NO 的吸收效率很难高于 NO_2，但实际情况并非如此，原因有待研究，以往的研究大多仅测定了 NO_x 总的吸收效率与氧化度之间的关系，而未将 NO 和 NO_2 的脱除效率分开考察，不便于了解 NO 和 NO_2 各自的脱除效果，更无从深究其吸收速率的关系。同时，以往的研究大多通过 NO 的氧化来调整 NO_x 的氧化度，缺乏对氧化度的准确调控。因此，高放等[68]通过向模拟气流中通入定量 NO_2，精确调节 NO_x 中 NO_2/NO 体积比后进行碱液吸收，分别对 NO 和 NO_2 在碱液中的吸收效率进行测定，同时分析吸收液中的离子成分和含量，研究碱液吸收 NO_x 的机理，特别是 NO_2 促进碱液吸收 NO 的作用机理。同时，考察了操作条件对碱液吸收 NO 和 NO_2 的影响，计算出不同操作条件下 NO 和 NO_2 的传质速率，还初步分析了配加 NO_2 碱液吸收 NO 的可行性。研究发现，在相同条件下配加 NO_2，调节 $NO/NO_2=1$，NO 吸收效率达 98%，且明显高于 NO_2，这是因为 NO_x 在碱液吸收过程中有较多的气相、液相平行反应，可通过对吸收液液相进行分析，进而探寻吸收-反应途径，分别在 600s、1200s、1800s 时对吸收液取样分析 NO_2^- 和 NO_3^- 浓度，结果如图 4-17 所示，在 600~1800s 的反应时间内，NO_2^- 浓度约为 NO_3^- 浓度的 2 倍，这与气体中吸收比例 $NO/NO_2=1.7$ 相近。

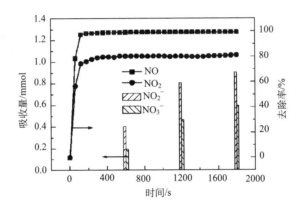

图 4-17　NaOH 吸收脱除 NO_x 的效果

基于氧化吸收理念，可以向烟气或废气中添加一定量的 NO_2 来调节含 NO 废气的氧化度，再结合吸收法来脱除 NO_x，称之为配氮（NO_2）脱硝（NO_x）方法，该法配加的 NO_2 直接或间接来源于 NH_3，可由硝酸生产企业提供。再者由于工业排出的废气 SO_2 通常与 NO_x 并存，利用碱液吸收 SO_2 时会有 Na_2SO_3 生成，因此，随着吸收过程的进行，吸收剂实际上变为 Na_2SO_3+NaOH 混合体系。王娇等[69]以 NaOH 及 Na_2SO_3 吸收液对模拟烟气中 NO_x 的脱硝性能的研究为基础，并结合二者优势研究了 Na_2SO_3-NaOH 还原性碱液体系。研究发现：

（1）以 2%NaOH 溶液为吸收剂，通过配氮法调节 NO 废气氧化度为 30%~70%，当氧化度为 50%时脱硝效果最佳；

（2）氧化度一定（50%），2%~5%的 NaOH 溶液吸收 NO_x 时，2%NaOH 溶液效果为最佳，达到 95.24%，以碱液吸收为主；2%~5%的 Na_2SO_3 溶液吸收 NO_x 时，3% Na_2SO_3 溶液表现较好，吸收率达到 43%，还原吸收反应占主导地位；

（3）氧化度一定（50%），Na$_2$SO$_3$–NaOH 混合体系脱除 NO$_x$ 效果也比较明显，其中 2% NaOH–3% Na$_2$SO$_3$ 体系脱硝率略好于 2% NaOH–2% Na$_2$SO$_3$ 吸收液体系，达到 78% 左右；

（4）Na$_2$SO$_3$–NaOH 混合体系对 NO$_2$ 的脱除主要是酸碱中和以及还原反应，并且加入还原剂的 NaOH 溶液能明显促进对 NO$_2$ 的吸收，对 NO 的吸收则只有酸碱中和。

有效组分材料是喷剂实际应用处理各种气体的关注重点，其性能直接影响了喷剂的有效性及可行性，相对其他净化方法，空气净化喷剂所需的设备简单，见效快，必将在未来空气净化领域占有一席之地。

4.3　本　章　小　结

空气净化喷剂可操作性强，使用方法简单，而且可针对不同污染物进行配方设计进而实现选择性吸收，空气净化喷剂已经被广泛用于工业尾气、废气治理，环境以及室内空气污染物的净化等领域，为改善工业生产环境，提高环境和室内空气质量，保障人们身体健康提供了有力支持。但受限于核心组分开发难度大，技术发展速度慢，使用条件复杂多变等因素，空气净化喷剂还有较大的提升空间。

从空气净化喷剂实际需求来看，首先对于喷剂有效组分的挥发机理以及抑制挥发的原理需要更深入的研究，从喷剂有效组分分子运动的角度对喷剂有效组分的挥发机理进行解释，特别是针对复合喷剂有效组分两者之间的分子反应关系，并以此为出发点，找出更好的抑制喷剂有效组分挥发的方法；其次对复合喷剂有效组分中不同分子间的反应需进行更深入的了解，并对喷剂有效组分地挥发、降解等性能进行研究，得出有关喷剂有效组分的更全面的信息；最后对喷剂有效组分的再生方案进行更加科学全面的研究，对相应的能耗及时间进行精确的测算，利用量热器、分子模拟等方式获取有关喷剂有效组分的反应热、平衡分压等相关数据，在此基础上更好的设计喷剂有效组分的再生方案。

此外，为实现绿色可持续发展的目标，还需要研究并开发喷剂回收技术，实现喷剂的循环再生，最大限度地提高喷剂的利用效率，减少污染治理过程中喷剂自身以及净化产物对环境的影响，所有这些目标的实现都依赖于技术的发展和设备的优化，发展技术与优化设备二者相辅相成，需要统筹考虑，实现对污染物的安全高效净化。

参 考 文 献

[1] Uchiyama S, Matsushima E, Kitao N, et al. Effect of natural compounds on reducing formaldehyde emission from polywood[J]. Elsevier Ltd, 2007, 41 (38): 8825-8830.

[2] 韦旭甜, 谢彦, 刘登祥. 采用含镍溶液吸收硫化氢尾气的试验研究[J]. 中国锰业, 2017, 35 (S1): 62-64.

[3] 王慧芳. 两种小分子甲醛消除剂的合成[J]. 山西化工, 2013, 33 (5): 16-18.

[4] 周浩, 钱钧, 金玉山. 氢氧化钠吸收硫化氢的工业技术讨论[J]. 广州化学, 2016, 41(2): 52-55.

[5] 李灏阳, 夏辉华. 室内空气污染控制技术现状与趋势[J]. 建筑热能通风空调, 2017, 36(2): 86-89.

[6] 张轩. 光催化技术处理苯系物机理研究[D]. 石家庄: 河北科技大学, 2019.

[7] 王文川, 闫静. 浅析新装修办公楼室内甲醛、氨、苯系物浓度变化[J]. 四川化工, 2017, 20(2): 29-33.

[8] 黄超, 邓磊, 黄琼, 等. 二氧化钛光催化剂降解气相苯系物的研究进展[J]. 无机盐工业, 2017, 49(1): 56-59.

[9] Sekizawa J, Ohtawa H, Yamamoto H, et al. Evaluation of human health risks from exposures to four air pollutants in the indoor and the outdoor environments in Tokushima, and communication of the outcomes to the local people[J]. Journal of Risk Research, 2007, 10(6): 841-851.

[10] James H. Industry influence on occupational and environmental public health[J]. International Journal of Occupational and Environmental Health, 2007, 13 (1): 107-117.

[11] 王龙妹, 汪彤, 胡玢. 液体吸收法处理含苯系物废气研究现状及进展[J]. 环境工程, 2018, 36(1): 446-450.

[12] 陈定盛, 岑超平, 方平, 等. 废机油净化甲苯废气的工艺研究[J]. 环境工程, 2008, 26(2): 20-22.

[13] Ozturk B, Yilmaz D. Absorptive removal of volatile organic compounds from flue gas streams[J]. Process Safety and Environmental Protection, 2006, 84(5): 391-398.

[14] 程五一, 裴晶晶, 朱锴. 表面活性剂降低颗粒煤瓦斯涌出量初步实验研究[J]. 华北科技学院学报, 2007, 4 (4): 1-5.

[15] 罗教生. 用水-洗油吸收剂处理含苯废气的研究[J]. 环境与开发, 1999, 14(3): 19-20.

[16] 衣新宇, 赵修华, 朱登磊. 表面活性剂吸收法治理甲苯废气的中试实验[J]. 日用化学工业, 2004, 34(3): 157-159.

[17] 陶德东, 周腾腾. 柠檬酸钠水溶液对二甲苯废气吸收实验研究[J]. 广东化工, 2013, 40(4): 52-53.

[18] Blach P, Fourmentin S, Landy D, et al. Cyclodextrins: A new efficient absorbent to treat waste gas streams[J]. Chemosphere, 2008, 70 (3): 374-380.

[19] 崔庆华, 张会, 张兴安, 等. 不同吸收液处理甲苯废气研究[J]. 广州化工, 2016, 44(3): 72-76.

[20]曾俊, 田森林, 蒋蕾. 十六烷基三甲基溴化铵(CTAB)及其微乳液增溶吸收处理甲苯废气[J]. 环境化学, 2012, 31(12): 2010-2011.

[21] 田森林, 刘恋, 宁平. 填料塔-微乳液增溶吸收法净化甲苯废气[J]. 环境工程学报, 2010,

4(11): 2552-2556.

[22] 肖潇, 晏波, 傅家谟. 几种有机废气吸收液对甲苯吸收效果的对比[J]. 环境工程学报, 2013, 7(3): 1072-1078.

[23] 吴嘉碧. 空气净化剂对空气中甲醛去除效果的研究[D]. 广州: 华南理工大学, 2013.

[24] 曲芳, 兰拓, 张晓芳, 等. 人造板用甲醛捕捉剂[J]. 木材加工机械, 2005, 1(4): 29-32.

[25] 霍燕燕, 邹钺, 刘赟. 一种液体吸收剂对甲醛去除效果的研究[J]. 建筑热能通风空调, 2014, 1(1): 49-51.

[26] 邓飞英. 缓释二氧化氯净化室内甲醛污染的研究[D]. 广州: 广东工业大学, 2008.

[27] 云虹, 李凯夫, 马延军, 等. 缓释二氧化氯对人造板甲醛去除效率的研究[J]. 无机盐工业, 2015, 47(9): 70-72.

[28] 候兴爱, 杨旭, 孙丰文, 等. 添加型甲醛捕捉剂的功效研究[J]. 中国胶粘剂, 2018, 27(6): 1-5.

[29] 王巍聪, 刘玉, 朱晓冬. 基于尿素微胶囊的薄木饰面板甲醛控释研究[J]. 林业工程学报, 2018, 3(6): 38-42.

[30] 刘长风, 刘学贵, 臧树良. 游离甲醛消除剂的研究进展[J]. 辽宁化工, 2004, 33(6): 331-334.

[31] 方瑞娜, 姚新鼎, 崔鹏. 胺类甲醛清除剂的甲醛净化效果研究[J]. 黄河水利职业技术学院学报, 2018, 30(1): 51-54.

[32] 邱星林, 徐安武. 纳米级 TiO_2 光催化净化大气环保涂料的研制[J]. 中国涂料, 2000, 1(4): 30-32.

[33] 王之京, 张维超, 王璇, 等. 几种甲醛清除剂效果研究[J]. 家电科技, 2017, 1(10): 68-69.

[34] 路风辉, 刘祥军, 陈燕舞. 生物酶型和光触媒型空气净化剂对甲醛和甲苯的净化效果[J]. 环境与健康杂志, 2015, 32(9): 835.

[35] 谢洪柱, 吴自强, 谢红艳. 天然甲醛消除剂的研究[J]. 化工科技市场, 2005, 1(12): 26-29.

[36] 严敬华. 氧泡泡空气净化剂清除甲醛效果观察[J]. 生物化工, 2018, 4(5): 18-21.

[37] 高伟, 莫志军, 蒲建军. 复合型甲醛捕捉剂的研制及其在中密度纤维板生产中的应用[J]. 中国人造板, 2018, 25(11): 11-15.

[38] 钟永飞. 季铵盐类离子液体的制备及其吸收硫化氢的研究[D]. 石家庄: 河北科技大学, 2010.

[39] 张家忠, 易红宏, 宁平, 等. 硫化氢吸收净化技术研究进展[J]. 环境污染治理技术与设备, 2002, 3(6): 47-52.

[40] 唐晓龙, 易红宏, 宁平. 低浓度硫化氢废气的液相催化氧化法净化实验研究[J]. 环境污染治理技术与设备, 2005, 6(9): 33-36.

[41] 申梦瑶. 利用离子液体类吸收剂脱除焦炉煤气中硫化氢的研究[D]. 北京: 北京化工大学, 2018.

[42] 张家忠, 宁平, 郝吉明. 液相催化氧化法净化 H_2S 实验研究[J]. 环境科学与技术, 2004, 27(2): 12-14.

[43] 邓利民, 李世伟, 侯映天, 等. 两种 Betti 碱对硫化氢吸收性能研究[J]. 化学研究与应用, 2017, 29(12): 1909-1915.

[44] 刘吉东, 徐磊, 李国森, 等. 新型硫化氢吸收剂的合成及其在油气井的应用[J]. 山东化工, 2015, 44(19): 23-25.

[45] 董琦. 喷洒吸收液治理煤矿硫化氢的影响因素研究[J]. 山东煤炭科技, 2015, 1(2): 104-106.

[46] 刘常青, 危青, 张平民, 等. 氧化吸收硫化氢回收硫和氢的影响因素[J]. 中国有色金属学报, 1998，4: 687-690.

[47] 段世超. 氨气吸附剂的研究[D]. 北京: 北京工业大学, 2015.

[48] 李志杰. 羟基功能化离子液体的合成及吸收氨气的研究[D]. 北京: 北京化工大学, 2016.

[49] 王乐萌. 新型复配醇胺溶液捕集 CO_2 过程的吸收特性研究[D]. 北京: 华北电力大学, 2018.

[50] Creamer A, Gao B. Carbon-based adsorbents for postcombustion CO_2 capture: A critical review[J]. Pubmed, 2016, 50(14): 89-7276.

[51] 屈紫懿, 杜敏, 周建军. MEA 吸收-解吸二氧化碳过程的优化[J]. 材料导报, 2013, 27(14): 66-69.

[52] 李清方, 陆诗建, 刘晓东, 等. MEA-MDEA 复合胺溶液吸收烟气中二氧化碳实验研究[J]. 应用化工, 2010, (8): 1127-1131.

[53] 费祥, 王婷芳, 蔡晓彤, 等. MEA-TETA 复配醇胺水溶液吸收二氧化碳的实验研究[J]. 广州化工, 2011, 39(10): 88-90.

[54] 吕忠. 化学吸收法分离 CO_2 的新型吸收剂的实验研究[D]. 杭州: 浙江大学, 2011.

[55] 江文敏. 化学吸收法捕集二氧化碳工艺的模拟及实验研究[D]. 杭州: 浙江大学, 2015.

[56] 张佩文. 多孔材料负载离子液体在吸收 SO_2、NO_2、CO_2 中的应用[D]. 石家庄: 河北科技大学, 2019

[57] 高林. 聚苯胺及其复合材料吸收烟气中 NO_2 的试验研究[D]. 西安: 西安建筑科技大学, 2017.

[58] Majumdar S, Sengupta A, Cha J S. Simultaneous SO_2/NO separation from flue gas in a contained liquid membrane permeator[J]. Industrial & Engineering Chemistry Research, 1994, 33(3): 667-675.

[59] 辛志玲, 张金龙, 徐韩玲, 等. 三乙烯四胺合钴溶液脱除烟气中 NO 的实验研究[J]. 化学工程, 2011, 39(6): 8-11.

[60] 陈曦, 李玉平, 韩婕, 等. 加压条件下氮氧化物的水吸收研究[J]. 火炸药学报, 2009, 32(4): 84-87.

[61] 韩旭, 吴平铿, 张锋, 等. 水吸收法处理低浓度氮氧化物废气的中试研究[J]. 环境工程学报, 2013, 7(9): 3507-3510.

[62] 周春琼, 邓先和. 烟气处理时乙二胺合钴高效脱 NO 实验研究[J]. 化学工程, 2008, 36(4): 53-56.

[63] 温高, 于晓蕾. 碱式硫酸铝湿法烟气脱硫碱度参数的研究[J]. 内蒙古工业大学学报(自然科学版), 2011, 30(3): 356-358.

[64] 张树峰, 温高, 赵爽. 碱性硫酸铝吸收与解吸二氧化硫的机理及性能[J]. 环境工程学报, 2017, 2(2): 1022-1026.

[65] 高放. 配 NO_2 促碱液吸收 NO_x 机理及传质动力学研究[D]. 湘潭: 湘潭大学, 2013.

[66] 耿皎, 王晓旭, 袁刚, 等. 水和稀硝酸吸收 NO_2 的研究[J]. 南京理工大学学报, 2013, 37(1): 164-168.

[67] 范学友, 贾勇, 钟秦, 等. 氨吸收法同时脱硫脱硝的实验研究[J]. 化工进展, 2012, 31(01).

[68] 高放, 刘芳, 张俊丰, 等. NO_2 促进碱液吸收 NO 的作用机理[J]. 过程工程学报, 2012, 12(5): 796-802.

[69] 王娇, 颜斌, 张俊丰, 等. Na_2SO_3-NaOH 体系配 NO_2 吸收 NO 实验研究[J]. 湘潭大学自然科学学报, 2012, 34(3): 72-76.

后　记

　　现代人平均有 80%～90%的时间在室内度过,室内空气质量对人们工作生活的重要性是不言而喻的。随着科技和社会经济的快速发展,人们生活水平不断提高,但伴随而来的是室内空气污染物的来源和种类日益增多,空气质量日益恶劣,室内空气污染将直接危害人们的身心健康并影响人们的工作生活。每个人可能都知道有室内的污染,但是这个情况可能比消费者想象的严重得多,如何改善日益恶劣的居室、办公环境,提高生存质量是一个值得深入研究的问题。

　　空气净化滤芯和空气净化喷剂是两种使用较为广泛的空气净化产品,但滤芯材料多与净化设备联用,使用成本较高;而喷剂产品则具有携带方便,使用简单,同时成本也相对较低,一款理想的喷剂产品可以同时具有安全、高效及持久的特质,因此是一类具有广泛应用前景的产品。近年来,随着市场需求的不断扩大以及新材料、新工艺的持续开发,空气净化喷剂产品的技术水平和相关标准也在逐步提升和完善,主要体现在以下几个方面:

　　(1)经过一段时间的发展,空气净化喷剂产品越来越多地进入到人们的日常生活中,在净化空气方面发挥着越来越重要的作用。空气净化喷剂产品大致可以分为以下几种类型:香精配制而成的空气清新剂,化学试剂配制而成的空气净化喷剂和生物提取剂制成的空气净化剂。香精配制而成的空气清新剂主要用香味掩盖异味;化学试剂配制而成的空气净化喷剂主要指通过物理作用(如溶解、凝并沉降等)或化学反应(酸碱中和反应、氧化还原反应、络合反应、亲核取代和亲核加成反应以及催化氧化反应等)实现对空气中污染物的有效净化;生物提取剂制成的空气净化剂主要是利用生物酶等活性物质氧化分解污染物。目前市面上空气净化喷剂产品多以光催化和生物酶空气净化剂为主。

　　(2)我国已经成为气雾剂产品的全球第三大产地,并且随着行业的发展,相关标准的制定也在稳步推进和不断完善。我国现已制定了空气净化喷剂产品的检测标准:轻工业行业标准 QB/T 2761—2006《室内空气净化产品净化效果测定方法》和建材行业标准 JC/T 1074—2008《室内空气净化功能涂覆材料净化性能》。其中 QB/T 2761—2006 是我国空气净化产品净化效果检测的第一份标准,该标准引入了净化率作为评价被动式空气净化性能的指标,该标准的制定对空气净化喷剂生产企业的生产和广大消费者使用空气净化喷剂产品具有一定的指导作用。随后在 2008 年,国家发改委发布了 JC/T 1074—2008《室内空气净化功能涂覆材料净化性能》,该标准在 QB/T 2761—2006 检测净化率的前提下,增加了净化效果持久性作为评价指标，同时标准还将净化材料分为 I 类和 II 类，并制定了对应的评价指标。对于含有光催化材料的空气净化喷剂产品，则适用于国家标准 GB/T 23761—2009《光催化空气净化材料性能测试方法》。这些标准的制定和实施规范了空气净化喷剂产品性能的评价方法和依据，促进了空气净化喷剂产品的标准化和专业化，有利于市场的管理。

（3）消费者对空气净化需求的增长自然而然地推动了市场的发展，随着不同企业的相继进入，市场竞争的强度不断增大，为消费者带来了更多优质空气净化喷剂产品的同时，也促进了空气净化喷剂的技术进步和产品更新。随着未来消费需求和消费市场的不断增长，空气净化喷剂行业将处于快速成长期，空气净化喷剂市场也将存在着巨大的上升空间。

虽然我国在空气净化喷剂领域取得了很大进步，但由于起步较晚，科技投入不高，相比于欧美等发达国家，仍存在技术、工艺水平较落后，相关标准不够健全完善，空气净化喷剂市场较为混乱等不足：

（1）光催化材料吸收剂使用条件较为苛刻，容易出现催化剂中毒失活等问题，而且中间产物不明确易产生二次污染；生物酶吸收剂对污染物的分解速率低，见效时间长；化学类空气净化喷剂产品通过化学反应来清除污染，达到净化空气的目的，但其中某些化学物质会危害家具、电器等，影响其使用寿命，同时一些挥发性的化学物质或反应产物也可能会造成二次污染；此外，空气清新剂使用具有特殊香味的物质只能掩盖异味而并不能从根源上消除异味，因此当前空气净化喷剂吸收液的设计及组成上存在的技术短板，严重制约着空气净化喷剂的发展。

（2）虽然相关部门针对空气净化喷剂制定了多项标准，但由于喷剂产品发展较快，导致标准制定相对滞后，而且现有标准体系不健全，喷剂产品的安全性评测、性能评价等方面都有待规范。这些都导致市场上的空气净化剂产品存在着标示标注不全、无产品说明书、无成分说明、无依据标称净化性能等乱象，不利于行业监管和发展。

（3）目前市面上的空气净化喷剂产品性能较为单一，无法实现空气中多种污染物的同步净化，增加了消费者的使用成本。

室内空气污染物种类多、成分复杂，污染物的净化标准也不尽相同，因此空气净化喷剂产品的开发和市场拓展需要统筹考虑不同污染物的理化性质和使用环境条件。人们对高质量空气的追求决定了空气净化喷剂必须具有安全、高效和长久性的特点，但市面上的空气净化喷剂产品在这方面还有很大的提升空间。有实验表明，不同类型净化剂对甲苯和甲醛的 24h 净化效率存在显著差异，即使 24h 净化率在 70%以上的空气净化剂，其净化率达到 70%以上所需要的实际时间却相差数倍。此外，现有的空气净化喷剂产品大多是针对单一污染物而设计的，具有很大的局限性。市场的不断发展必然要求更好的消除效果，这就要求生产企业和科研机构不断开发和优化吸收剂材料和吸收技术，把不同种类的材料、技术有机统一起来，发挥各自的优势，达到最佳的空气净化效果。

室内污染物种类以及使用场所的多样性决定了空气净化喷剂行业细分将会越来越明显，进而导致行业研发、生产和服务的企业细分越来越明显，这就要求生产企业根据环境条件和居住条件来进行导向性的研发和生产。企业的生产必须根据统一的标准，因此国家相关职能部门需要组织相关行业机构和专家编写相关标准法规并适时对标准法规进行更新，为生产企业提供指导。政府监管部门也应开展综合治理行动，严厉打击各种假冒伪劣等违法行为，杜绝不安全的产品进入市场，确保安全底线，推动行业的整体质量提升。

随着人们对室内环境空气质量的日益重视，各类空气净化剂也应运而生。这些产品在一定程度上满足了人们对健康生活的追求，但有些生产商、经销商对净化剂产品净化效果进行不实宣传，夸大产品性能，同时一些劣质产品也登上了空气净化行业的舞台，使空气净化剂产品市场出现鱼龙混杂，良莠不齐的现象。作为直接面对产品的消费者，在选购或使用空气净化喷剂产品的时候首先要了解自己的净化需求是什么，不同的需求对应的净化方法或净化产品是不一样的；绝不选购标识标志不完整的产品，在选购空气净化剂产品时，要充分考虑产品的安全性，避免选择不安全的产品，同时还要了解产品的适用范围、使用条件和对象。